围填海工程
生态评估与整治修复
理论与实践

王 鹏 闫吉顺 林 霞 岳奇和 ● 编著

河海大学出版社
HOHAI UNIVERSITY PRESS
·南京·

图书在版编目(CIP)数据

围填海工程生态评估与整治修复：理论与实践/王鹏等编著. -- 南京：河海大学出版社，2023.6
ISBN 978-7-5630-7652-9

Ⅰ.①围… Ⅱ.①王… Ⅲ.①填海造地-环境影响-评价-中国 ②填海造地-生态恢复-研究-中国 Ⅳ.①X820.3 ②X171.4

中国国家版本馆 CIP 数据核字(2023)第 087423 号

书　　名	围填海工程生态评估与整治修复——理论与实践 WEITIANHAI GONGCHENG SHENGTAI PINGGU YU ZHENGZHI XIUFU——LILUN YU SHIJIAN
书　　号	ISBN 978-7-5630-7652-9
责任编辑	张心怡
责任校对	周　贤
封面设计	张世立
出版发行	河海大学出版社
地　　址	南京市西康路 1 号(邮编：210098)
电　　话	(025)83737852(总编室)　(025)83786934(编辑室) (025)83722833(营销部)
经　　销	江苏省新华发行集团有限公司
排　　版	南京月叶图文制作有限公司
印　　刷	苏州市古得堡数码印刷有限公司
开　　本	718 毫米×1000 毫米　1/16
印　　张	13.25
字　　数	236 千字
版　　次	2023 年 6 月第 1 版
印　　次	2023 年 6 月第 1 次印刷
定　　价	89.00 元

参 编 人 员

王晓宇　赵　博　王子豪　张连杰
张　盼　郝燕妮　姜　峰　刘晓璐
王志文　康　波　吴　雪

前言

随着改革开放步伐的加快推进,沿海地区工业化、城市化和人口集聚规模也进一步增大,土地紧缺的矛盾日益突出,向海要陆的需求变得迫切。围填海活动在很大程度上缓解了经济发展和建设用地不足的矛盾,取得了显著的经济效益。曾经,人类向海粗放式索取,已经造成重要海洋生态系统受损。近岸海域生态功能严重退化,水动力条件和沉积环境改变,生态环境恶化加剧,自然恢复能力降低等生态环境问题日益突出。为解决生态环境问题,党的"十八大"做出"大力推进生态文明建设"的重大战略决策,"十九大"首次提出中国经济由高速增长阶段转向高质量发展阶段的精准判断。两次重大决策从全局出发,全机制联动,向生态文明建设提出新的要求,指明中国未来几十年的发展路线和方向。贯彻落实国家重大决策,是海洋事业发展的重要任务。因此,切实落实生态文明建设、推进海洋产业高质量发展,是指引本书编写的基本思想。围填海项目作为海洋产业发展的重要载体,如何准确评估围填海项目的生态环境影响,精确分析围填海项目造成生态损害的程度,从而确定生态修复目标,精准实施修复措施,是对围填海项目科学管理的主要依据。

本书基于我国围填海发展现状和政策要求,重点讨论围填海项目生态评估及生态保护修复的理论、技术路线、评估方法等,并在此基础上,加以应用实践。本书所采用的评估依据为项目进行时的现行标准。

本书结构如下:

第1章分析了我国围填海基本情况。该章由林霞、赵博、王鹏完成,从围填海发展现状、管理政策、国外发展情况等方面进行讨论。

第2章首先介绍了围填海项目生态评估及生态保护修复的基本理论,然后论述了围填海项目生态评估的评估目的、评估依据、评估原则、评估内容、评估方法、评估路线和相关环境质量标准等内容,该章由王鹏、郝燕妮和闫吉顺完成。

第3章介绍了浙江省围填海现状调查以及处置建议。该章由王子豪、岳羲和完成。

第4章主要以舟山市钓梁区块为具体案例,从围填海项目生态评估、生态修复对策等方面进行论述。该章主要由王志文、康波、吴雪、岳羲和共同完成。

第5章介绍了辽宁省围填海现状调查以及处置建议。该章由闫吉顺、王晓宇完成。

第6章主要以葫芦岛市兴城临海产业区为具体案例,从围填海项目生态评估、生态修复对策等方面进行论述。该章主要由张连杰、林霞、张盼、姜峰和闫吉顺共同完成。

第7章从围填海监管需求、围填海生态环境监管制度建设和完善围填海跟踪监测制度体系、围填海区域海洋生态环境调查数据管理系统建设四个方面提出了思考。该章由刘晓璐、赵博和闫吉顺等全体书写人员共同完成。

在此向每位为本书付出辛勤劳动的人表示诚挚的感谢!

笔者

2023年4月

目　　录

第1章　我国围填海基本情况 ·· 001
　1.1　我国围填海发展现状及管理政策 ·· 001
　　　1.1.1　围填海发展现状 ·· 001
　　　1.1.2　围填海管理政策梳理 ··· 003
　1.2　国外围填海管理对我国的启示 ·· 005
　　　1.2.1　日本 ·· 005
　　　1.2.2　荷兰 ·· 006
　　　1.2.3　韩国 ·· 006
　　　1.2.4　国外围填海管理启示 ··· 007
　1.3　围填海项目整治修复相关政策 ·· 007
　　　1.3.1　渤海综合治理攻坚战行动计划 ···································· 007
　　　1.3.2　蓝色海湾整治行动 ·· 009
　　　1.3.3　围填海项目生态评估及生态保护修复政策要求 ···················· 009

第2章　围填海项目生态评估及生态保护修复 ································ 011
　2.1　基本理论 ·· 011
　　　2.1.1　海域资源价值理论 ·· 011
　　　2.1.2　海域综合管理理论 ·· 012
　　　2.1.3　陆海统筹理论 ··· 012
　　　2.1.4　可持续发展理论 ··· 013
　　　2.1.5　高质量发展 ··· 014
　2.2　围填海项目生态评估 ··· 014
　　　2.2.1　评估目的 ·· 014
　　　2.2.2　评估依据 ·· 015
　　　2.2.3　评估原则 ·· 016
　　　2.2.4　评估内容 ·· 016

	2.2.5	评估方法 ················	017
	2.2.6	评估路线 ················	017
	2.2.7	环境质量标准 ············	019
2.3	围填海项目生态保护修复 ········		020
	2.3.1	修复重点和目标 ··········	020
	2.3.2	修复原则 ················	021

第 3 章 浙江省围填海现状调查及处理方案 ············ 022
- 3.1 围填海现状调查结果 ················ 022
- 3.2 围填海历史遗留问题分类及处置建议 ············ 025
  - 3.2.1 问题分类 ················ 025
  - 3.2.2 已填已用区域 ············ 027
  - 3.2.3 填而未用区域 ············ 028
  - 3.2.4 围而未填区域 ············ 029
  - 3.2.5 批而未填区域 ············ 029
  - 3.2.6 自然淤积区域 ············ 029

第 4 章 舟山市钓梁区块围填海项目生态评估与整治修复研究 ········ 031
- 4.1 围填海项目概况 ················ 031
  - 4.1.1 地理位置 ················ 031
  - 4.1.2 建设背景 ················ 032
  - 4.1.3 评估目标 ················ 032
  - 4.1.4 评估范围 ················ 032
- 4.2 区域环境概况 ················ 033
  - 4.2.1 区域自然环境现状 ········ 033
  - 4.2.2 区域社会环境概况 ········ 034
- 4.3 项目建设内容 ················ 035
  - 4.3.1 项目施工情况 ············ 035
  - 4.3.2 环保措施落实情况 ········ 035
- 4.4 围填海项目生态影响评估 ········ 036
  - 4.4.1 水文动力环境影响评估 ···· 036

目　录

    4.4.2　地形地貌与冲淤环境影响评估 ·················· 061
    4.4.3　海水水质环境影响评估 ···························· 074
    4.4.4　海洋沉积物环境影响评估 ························ 080
    4.4.5　海洋生物生态环境影响评估 ···················· 083
    4.4.6　生态敏感目标影响评估 ···························· 089
  4.5　围填海项目生态损害评估 ······································ 092
    4.5.1　海洋生态系统服务价值的损害评估 ········· 092
    4.5.2　海洋生物资源损害评估 ···························· 095
    4.5.3　生态损害评估汇总 ··································· 101
  4.6　生态修复对策 ·· 102
    4.6.1　岸线修复 ·· 103
    4.6.2　水文动力及冲淤环境恢复 ························ 105
    4.6.3　滨海湿地修复 ·· 105
    4.6.4　生态空间建设 ·· 105
    4.6.5　海洋生物资源恢复 ··································· 107
    4.6.6　钓梁区块生态和生活空间 ························ 107

第 5 章　辽宁省围填海现状调查及处理方案 ·················· 109

  5.1　围填海现状调查结果 ·· 109
  5.2　围填海历史遗留问题分类及处置建议 ··················· 112
    5.2.1　问题分类 ·· 112
    5.2.2　已批未完成区域 ······································· 113
    5.2.3　已批未填区域 ·· 115
    5.2.4　未批已填区域 ·· 115

第 6 章　葫芦岛市兴城临海产业区生态评估与整治修复研究 ·············· 117

  6.1　围填海项目概况 ·· 117
    6.1.1　地理位置 ·· 117
    6.1.2　建设背景 ·· 118
    6.1.3　历史遗留问题成因 ··································· 119
  6.2　评估单元 ··· 119

- 6.3 评估范围 ………………………………………………………… 119
- 6.4 区域环境概况 ……………………………………………………… 120
  - 6.4.1 区域自然环境现状 …………………………………………… 120
  - 6.4.2 区域社会环境概况 …………………………………………… 123
- 6.5 项目施工回顾性分析 ……………………………………………… 123
  - 6.5.1 用海施工进度回顾 …………………………………………… 123
  - 6.5.2 施工工艺回顾 ………………………………………………… 124
  - 6.5.3 施工物料分析 ………………………………………………… 124
  - 6.5.4 施工工艺及环保措施评估 …………………………………… 125
- 6.6 围填海项目生态影响评估 ………………………………………… 126
  - 6.6.1 水文动力环境影响评估 ……………………………………… 126
  - 6.6.2 地形地貌与冲淤环境影响评估 ……………………………… 143
  - 6.6.3 海水水质环境影响评估 ……………………………………… 148
  - 6.6.4 海洋沉积物环境影响评估 …………………………………… 148
  - 6.6.5 海洋生物生态环境影响评估 ………………………………… 149
  - 6.6.6 生态敏感目标影响评估 ……………………………………… 156
  - 6.6.7 其他影响评估 ………………………………………………… 157
- 6.7 围填海项目生态损害评估 ………………………………………… 157
  - 6.7.1 海洋生态系统服务价值的损害评估 ………………………… 157
  - 6.7.2 海洋供给服务评估 …………………………………………… 158
  - 6.7.3 海洋调节服务评估 …………………………………………… 160
  - 6.7.4 海洋文化服务评估 …………………………………………… 162
  - 6.7.5 海洋支持服务评估 …………………………………………… 162
  - 6.7.6 海洋生物资源损失评估 ……………………………………… 163
  - 6.7.7 围填海生态损害评估结果 …………………………………… 166
- 6.8 生态修复对策 ……………………………………………………… 166
  - 6.8.1 主要生态环境问题 …………………………………………… 167
  - 6.8.2 对策建议 ……………………………………………………… 167

第7章 围填海生态环境监管的相关思考 …………………………… 170
- 7.1 关于围填海监管需求的思考 ……………………………………… 170

7.2　关于建立围填海生态环境监管制度的思考 …………………… 171
　　7.3　关于完善围填海跟踪监测制度体系的思考 …………………… 173
　　7.4　关于围填海区域海洋生态环境调查数据管理系统建设的思考 … 174

附录 …………………………………………………………………………… 175
　　附录一　国务院关于加强滨海湿地保护严格管控围填海的通知 ……… 175
　　附录二　海洋生态环境调查数据管理系统建设 ……………………… 179

参考文献 ……………………………………………………………………… 195

第1章
我国围填海基本情况

1.1 我国围填海发展现状及管理政策

1.1.1 围填海发展现状

1.1.1.1 围填海规模及问题

围填海是围海和填海的总称。围海是指通过筑堤等手段，围割海域进行海洋开发活动的用海方式，包括围海养殖、围海制盐等；填海（或填海造地）是指筑堤围割海域填成土地的海洋开发活动，是发展临港型开放经济的重要空间载体，也是当前我国近岸海洋开发利用的主要形式之一。围填海是沿海地区缓解土地供求矛盾、扩大社会生存和发展空间的有效手段，具有巨大的社会经济效益，为推动经济建设和社会发展作出了重要贡献。同时，针对围填海的管理也是我国海域管理工作的一个重要方向。

围填海是改变海域自然属性的用海活动。中华人民共和国成立以来，我国围填海经历了围海晒盐、围海造田、围海养殖、工业和城镇建设填海造地等主要阶段，为支撑沿海地区经济快速发展提供了重要保障。据统计，2002—2018年间，全国实际填海造地面积约为27.5万hm^2，填海成陆区域多用于港口、工业和城镇建设，但填而未用的现象也较为突出，截至2018年5月，全国有近11.4万hm^2的填海处于闲置状态，闲置率近40%。与此同时，我国围海养殖规模同样不容忽视，据统计，截至2018年底全国围海养殖面积约74.8万hm^2，接近填海面积的3倍，是沿海地区最主要、最普及的开发利用方式。

2015年以来，第一轮中央生态环境保护督察实现了对11个沿海省（自治区、直辖市）的全覆盖。根据反馈情况，多地非法围填海问题较为突出，未批先填、边批边填、批小填大、围而不填、填而不用等问题大量存在。截至2018年5月，全国违法违规围填海面积近16万hm^2，约占实际填海面积的58%。同时，地方政府对违法围填海处罚执行不力,虽然进行了处罚,但基本没有按《中华人民共和国海域使用管理法》(以下简称《海域使用管理法》)规定的要求恢复原状,也未追究相关人员责任,"一罚了之、以罚代管"的情况时有发生。除此之外,违规审批现象也屡见不鲜,有的地区采取"未批先建""边批边建""化整为零"等手段规避国家法规政策的约束。

2018年,国家启动了"海洋环境保护法执法检查"。检查报告指出,长期以来的大规模违法违规围填海活动,使得滨海湿地大面积减少,生态退化和资源闲置浪费问题突出。如河北省2002年以来累计填海造地3万多hm^2,空置率68%;海南省违法违规围填海进行旅游等开发建设项目,三亚湾因不合理围填海,导致部分岸段出现沙滩黑化和岸线侵蚀现象。

1.1.1.2 围填海生态环境影响

围填海在缓解用地紧张、扩大生产空间、带来社会经济效益的同时,对海岸带生态环境产生了极大的负面影响。

一是造成重要海洋生态系统受损,导致近岸海域生态功能严重退化。大规模的填海造地和围海养殖占用原生自然岸线,造成滨海湿地面积大幅减少,侵占和破坏红树林、珊瑚礁、海草床等重要生态系统,彻底改变了海洋自然属性,造成近岸海域生境破碎化加剧、生物多样性减少、生态服务功能大幅下降等不可逆的损害。如海南省儋州市海花岛填海项目施工造成大面积珊瑚礁和白蝶贝受损;在渤海,有近2.8万hm^2围海养殖位于生态保护红线内,大量侵占重要生态空间;在广西,1980—2000年间沿海虾塘建设侵占了1464 hm^2红树林。

二是改变水动力条件和沉积环境,加剧生态环境恶化,降低自然恢复能力。填海造地项目在布局上会产生叠加效应,使河口、海湾等纳潮量减小、水体交换和自净能力减弱,长期影响河口、海湾生态环境质量,降低生态系统自我修复功能。比如,海南省三亚市凤凰岛填海项目改变了沿岸水动力条件,造成三亚湾西部岸线遭到严重侵蚀,部分岸段出现沙滩黑化现象。此外,围海堤坝阻碍河海水系连通,养殖尾水的排放加剧了水体的富营养化,也会加剧近岸海域水质恶化。

三是增大污染排放和环境风险,加大周边海洋生态环境压力。近年来,大量石化、钢铁等重化工项目布局在填海形成的土地上,导致海洋生态环境面临的压力和风险不断增加。这些项目对环境造成影响的原因主要有以下三方面:一是大规模的生产污水排放,加重了海洋环境污染,并使生态环境影响从局部向区域蔓延;二是高环境风险产业的空间聚集,导致突发性环境污染事故风险概率显著升高;三是部分重化工园区临近海洋生态环境敏感区布置,对生态安全构成潜在威胁,一旦发生污染事故,将对海洋生态环境造成难以估量的损害。

除占据滨海湿地空间外,围填海工程一定程度上也加剧了海岸线的人工化程度,造成自然岸线形态破损、长度缩减、功能丧失。据统计,1990—2015年间,我国大陆自然岸线累计消耗3 500多公里,自然岸线保有率由64.7%减少至28.0%,其中,2009—2011年间沿海各地每年因围填海消耗自然岸线约120公里。到2017年,沿海各地自然岸线保有率虽接近管控目标,但原生自然岸线占比较低,保护形势仍十分严峻。

1.1.2 围填海管理政策梳理

2002年1月,《海域使用管理法》正式实施。《海域使用管理法》从资源利用的角度出发,建立了海洋功能区划制度、海域申请审批制度、海域使用权属制度以及海域有偿使用制度四项基本制度,旨在加强海域使用管理,促进海域的合理开发和可持续利用。

2016年11月,中央全面深化改革领导小组第二十九次会议审议通过了《海岸线保护与利用管理办法》,确定了以自然岸线保有率为目标的倒逼机制,督促沿海各地施行分类保护、节约利用、整治修复、监督检查等措施,加强自然岸线保护。

2016年12月,中央全面深化改革领导小组第三十次会议审议通过了《围填海管控办法》,针对围填海存在的突出问题,采取健全机制、划定红线、控制总量、科学配置、强化监管等制度措施,加大对围填海的管控力度。

2017年5月,国家海洋局印发《国家海洋局关于进一步加强渤海生态环境保护工作的意见》,在渤海区域采取"史上最严"的围填海管控措施:渤海海域的围填海一律禁止,包括暂停受理和审批围填海项目,暂停受理和审批区域用海规划,暂停下达围填海建设项目指标。

2018年7月,国务院印发《国务院关于加强滨海湿地保护严格管控围填海的通知》,明确四点要求:一要严控新增围填海造地,除国家重大战略项目外,全面停止新增围填海项目审批;二要加快处理围填海历史遗留问题,对严重破坏海洋生态环境的坚决予以拆除;三要加强海洋生态保护修复;四要建立滨海湿地保护和围填海管控长效机制。

2018年7月,生态环境部印发《关于加强"未批先建"海洋工程建设项目环境影响评价管理工作的通知》,明确了对"未批先建"海洋工程建设项目进行排查并依法处罚的依据,以及对环境影响评价管理工作的有关要求。

2018年11月,为贯彻落实《国务院关于加强滨海湿地保护严格管控围填海的通知》,加快处理围填海历史遗留问题,自然资源部办公厅印发《围填海项目生态评估技术指南(试行)》和《围填海项目生态保护修复方案编制技术指南(试行)》,要求明确围填海项目对海洋生态的影响,给出海洋生态损害计算结果。

2018年12月20日,自然资源部、国家发展和改革委员会发布《关于贯彻落实〈国务院关于加强滨海湿地保护严格管控围填海的通知〉的实施意见》,提出:严控新增围填海,保障国家重大战略项目用海;开展现状调查,加快处理围填海历史遗留问题;提升监管能力,全面落实严控围填海政策。同年12月27日,自然资源部印发《关于进一步明确围填海历史遗留问题处理有关要求的通知》,明确各沿海省(自治区、直辖市)是加强滨海湿地保护、严格管控围填海的责任主体。省级自然资源主管部门要按照省级人民政府的要求,做好生态评估、生态修复、集约利用、分类处置和监管等相关工作;自然资源部海区派出机构要建立健全围填海监管体系,加强对地方围填海历史遗留问题处理工作情况以及报国务院批准围填海项目的监管。

2019年4月14日,中共中央办公厅、国务院办公厅印发的《关于统筹推进自然资源资产产权制度改革的指导意见》中要求:"加强陆海统筹,以海岸线为基础,统筹编制海岸带开发保护规划,强化用途管制,除国家重大战略项目外,全面停止新增围填海项目审批。"

2019年10月31日,中国共产党第十九届中央委员会第四次全体会议通过《中共中央关于坚持和完善中国特色社会主义制度、推进国家治理体系和治理能力现代化若干重大问题的决定》,提出:(三)健全生态保护和修复制度。统筹山水林田湖草一体化保护和修复,加强森林、草原、河流、湖泊、湿地、海洋等自然生态保护。加强对重要生态系统的保护和永续利用,构建以国家公园为主体的自然保护地体系,健全国家公园保护制度。加强长江、黄河等大江大河生态保护和系统治理。开展大规模国土绿化行动,加快水土流失和荒漠化、石漠化综合治理,保护生物多样性,筑牢生态安全屏障。除国家重大项目外,全面禁止围填海。

2020年7月21日,自然资源部在政协十三届全国委员会第三次会议第634号(资源环境类53号)提案答复的函中明确:"党的十九届四中全会决定,除国家重大项目外,全面禁止围填海。根据现有规定,如项目属于国家重大项目且确需新增围填海,经科学论证并报请国务院批准后,用海申请人可以在海岸线向海一侧的滩涂区域内实施围填海活动。除此以外的项目,不得开展围填海活动。"同时也在关于适度放开淤涨型滩涂管控、盘活围填海存量资源、打通重大基础设施建设和重大产业项目审批通道、提高苏北辐射沙洲的资源利用效率以及加强围填海影响及补偿机制研究五个方面提出了有关要求。

1.2　国外围填海管理对我国的启示

1.2.1　日本

日本政府于1921年颁布了《公有水面埋立法》,建立了围填海的许可、费用征收和填海后的所有权归属等管理制度,并于1973年通过了《公有水面埋立法修正案》,加强了对围填海用途与环境影响审查等方面的要求。

日本围填海管理的核心是围填海许可的审批。要获得围填海许可,填埋申请人要向都道府县知事提出申请,申请前应完成利益相关者协调和环境影响评价。都道府县知事要先对申请材料进行形式审查,再通过公示征求公众意见,然后征求项目所在村、街基层管理部门,海上保安署,环境保全局,地方公共团体和其他相关机构的意见,并对意见进行评价,最后做出关于利益相关者处理、填海范围与面积、公共空间保证、围填海收费、施工与使用年限等的许可决定,并向国土交通省提出许可认可申请。国土交通省对许可认可申请进行审查,向都道府县知事出具认可意见,都道府县知事据此向申请人发放填海许可。

日本十分注重对围填海区域的整体规划,具体体现在三个层次。

首先从国家全局角度制定沿海地区发展的总体规划,划定一些重点发展地区,并明确整体功能定位。

其次是对重点发展地区,如一些布置有产业带的较大海湾,有较为系统的总体空间规划,包括相互衔接的城市总体规划、海湾发展规划和海洋功能规划等。这一层次的规划把一个地区的海岸划分成若干个基本功能岸段,并明确岸线及其临近海域的基本功能定位。在其划分框架下,围填海项目会根据自身用途选择对应的基本功能岸段,进行空间布局。

最后是对基本功能岸段内的围填海项目进行平面规划,对项目的布局与形态进行设计。在其指导下,围填海项目会选择人工岛或顺岸分离式等方式,进行海岸形态与功能布局设计,实现项目对海陆资源的合理利用和与其他项目之间的功能协调。

1.2.2 荷兰

荷兰围海造地有近800年的历史,前后可分三个阶段:1953年前,为居住和生活进行的大规模土地围垦;1953—1979年,为安全进行围垦;1979—2000年,为安全和河口生态环境保护进行围垦。

进入21世纪以来,荷兰在保障抵御海潮和防洪安全的前提下,研究退滩还水方案,实施与自然和谐的海洋工程计划。

在技术性管理方面,荷兰建立了国家性的综合湿地计划、海岸保护规划、海洋保护区规划、水资源综合利用规划和三角洲开发计划等;建立了围海造地综合评价技术体系,如海岸稳定性数模和物模技术、波浪流数模和物模技术、波流环境下通航数模和物模技术、海底地形地貌数模和物模技术、行洪安全数模和物模技术、浪潮流生态环境数模技术、潮汐梯度变化数模技术等;建立了围海造地的后评估技术体系,包括对海平面变化的影响、对未来河流流量的影响和对地面沉降的影响以及对河道纳潮梯度的影响等;建立了定量评价技术,如生物资源及栖息地自然生态系统评价、通航能力评价、海岸稳定性评价、海底蚀淤评价、海洋环境质量评价,还包括对行洪和纳潮的影响、对沿岸通道的影响评价等;对围海造地及海岸工程施工和营运期进行综合损益分析,如工程经济损益评价、对当地和外部资源环境影响分析及施工过程的直接影响、间接影响分析等。

1.2.3 韩国

在过去的30年间,随着人口及产业活动的增加,在以增长与开发为主导的经济政策下,韩国海岸带成为被抢占、开发的对象。人口增长、盲目开办工业园、围海造地、超过自然净化能力的开发、污染及富营养化造成赤潮频发、垃圾遍地、恶臭弥漫、海岸带生态系统遭到破坏等恶劣的环境情况日益严重,甚至连市民接近海岸的权利都受到侵犯。沿海分布有占全国44.8%(84个)的工业园,约占50%(81个)的发电厂,加上为营造农田和建设临海城市而大面积围海造地,造成生态系统被扰乱和破坏、水产资源枯竭。

韩国在1991年和2001年分别制定了第一次、第二次公共水面围填规划。

在第二次公共水面围填规划中尽可能限制了围造耕地、解决城市用地、海上新城区扩建、新建工业园等大规模填海作业,最大限度遏制了对滩涂的填埋。对已经毁坏而难以恢复或环境损失较少的填海及公共事业区域,允许小规模填海,但要符合海岸带综合管理规划,且填海要采用亲环境工程方法。两次公共水面围填规划的提出,改变了已往政策的基本框架,使得过去以扩大国土面积为主的填海转变为重视海洋环境、保护生态的亲环境填海。

此外,韩国在《公共水面填海法》中将填海目的分为17项,在《第二次公共水面填埋规划》中将填海用途分为8项,即港湾用地、渔港用地、流通加工用地、城市用地、农畜产用地、文化观光用地、废弃物处理用地、其他设施用地,并明确了具体用途。列入填海规划的区域还要追加必要的条件,以免不加区别的填海造田损坏沿岸湿地。

1.2.4　国外围填海管理启示

综观国外围填海管理的方法与对策,主要有以下几个方面:

(1)建立包括综合湿地计划、海岸保护规划、海洋保护区规划、水资源综合利用规划和三角洲开发计划在内的规划体系(如荷兰)。

(2)实施围填海规划,进行空间布局,并对规划区内的围填海项目进行平面规划,对项目的布局与形态进行设计(如日本)。

(3)建立围海造地的综合评价、后评估技术体系与定量评价技术,并对围海造地及海岸工程施工和营运期进行综合损益分析(如荷兰)。

(4)建立以国家管制为核心的围填海总量控制方法与管理体系(如韩国)。

(5)建立公众参与、政府和各级相关部门严格执行、有效管理的审批制度(如日本、荷兰、韩国等)。

1.3　围填海项目整治修复相关政策

1.3.1　渤海综合治理攻坚战行动计划

2018年11月30日,生态环境部、发展改革委、自然资源部发布了《渤海综合治理攻坚战行动计划》,提出:

(1)划定并严守渤海海洋生态保护红线。渤海海洋生态保护红线区在三省一市管理海域面积中的占比达到37%左右。严格执行生态保护红线管控要求。2020年底前,依法拆除违规工程和设施,全面清理非法占用生态保护红线区的围填海项目。

(2)实施最严格的围填海管控。除国家重大战略项目外,禁止审批新增围填海项目。对合法合规围填海项目闲置用地进行科学规划,引导符合国家产业政策的项目消化存量资源,优先支持发展海洋战略性新兴产业、绿色环保产业、循环经济产业和海洋特色产业。

(3)强化渤海岸线保护。实施最严格的岸线开发管控,对岸线周边生态空间实施严格的用途管制措施,统筹岸线、海域、土地利用与管理,加强岸线节约利用和精细化管理,进一步优化和完善岸线保护布局。除国家重大战略项目外,禁止新增占用自然岸线的开发建设活动,并通过岸线修复确保自然岸线(含整治修复后具有自然海岸形态特征和生态功能的岸线)长度持续增长。定期组织开展海岸线保护情况巡查和专项执法检查,严肃查处违法占用海岸线的行为。2020年,渤海自然岸线保有率保持在35%左右。

(4)强化自然保护地选划和滨海湿地保护。落实自然保护地管理责任,坚决制止和惩处破坏生态环境的违法违规行为,严肃追责问责。实行滨海湿地分级保护和总量管控,分批确定重要湿地名录和面积,建立各类滨海湿地类型自然保护地。未经批准利用的无居民海岛,应当维持现状。禁止非法采挖海砂,加强监督执法,2019年三省一市组织开展监督检查和执法专项行动,严厉打击非法采挖海砂行为。2020年底前,将河北滦南湿地和黄骅湿地、天津大港湿地和汉沽湿地、山东莱州湾湿地等重要生态系统选划为自然保护地。

(5)加强河口海湾综合整治修复。因地制宜开展河口海湾综合整治修复,实现水质不下降、生态不退化、功能不降低,重建绿色海岸,恢复生态景观。辽宁省以大小凌河口、双台子河口、大辽河口、普兰店湾、复州湾和锦州湾海域为重点,河北省以滦河口、北戴河口、滦南湿地、黄骅湿地以及所辖渤海湾海域为重点,天津市以七里海潟湖湿地、大港湿地、汉沽湿地以及所辖渤海湾海域为重点,山东省以黄河口、小清河口、莱州湾海域为重点,按照"一湾一策、一口一策"的要求,加快河口海湾整治修复工程。2019年6月底前,完成河口海湾综合整治修复方案编制,提出针对性的污染治理、生态保护修复、环境监管等整治措施。2020年底前,完成整治修复方案确定的目标任务。渤海滨海湿地整治修复规模不低于6 900 hm^2。

（6）加强岸线岸滩综合治理修复。沿海城市依法清除岸线两侧的违法建筑物和设施，恢复和拓展海岸基干林带范围。实施受损岸线治理修复工程，对基岩、砂砾质海岸，采取海岸侵蚀防护等措施维持岸滩岸线稳定；对淤泥质岸线、三角洲岸线以及滨海旅游区等，通过退养还滩、拆除人工设施等方式，清理未经批准的养殖池塘、盐池、渔船码头等；对受损砂质岸段，实施海岸防护、植被固沙等修复工程，维护砂质岸滩的稳定平衡。2020年底前，沿海城市整治修复岸线新增70公里左右。

1.3.2 蓝色海湾整治行动

2016年5月12日，财政部、国家海洋局发布了《关于中央财政支持实施蓝色海湾整治行动的通知》，提出：

（1）重点海湾综合治理

以提升海湾生态环境质量和功能为核心，提高自然岸线恢复率，改善近海海水水质，增加滨海湿地面积，开展综合整治工程，打造"蓝色海湾"，具体包括：海岸整治修复，通过建设生态廊道等，强化社会监督，保护好自然岸线；"南红北柳"滨海湿地植被种植和恢复，治理污染提升海湾水质；近岸构筑物清理与清淤疏浚整治，海洋生态环境监测能力建设，海洋经济可持续发展监测能力建设等。

（2）生态岛礁建设

以改善海岛生态环境质量和功能为核心，修复受损岛体，促进生态系统的完整性，提升海岛综合价值，具体包括：自然生态系统保育保全，珍稀濒危和特有物种及生境保护，生态旅游和宜居海岛建设，权益岛礁保护，生态景观保护等，并同步开展海岛监视监测站点建设和生态环境本底调查等。

1.3.3 围填海项目生态评估及生态保护修复政策要求

1) 2018年7月14日，国务院发布了《国务院关于加强滨海湿地保护严格管控围填海的通知》（附录一），提出：

滨海湿地（含沿海滩涂、河口、浅海、红树林、珊瑚礁等）是近海生物重要栖息繁殖地和鸟类迁徙中转站，是珍贵的湿地资源，具有重要的生态功能。近年来，我国滨海湿地保护工作取得了一定成效，但由于长期以来的大规模围填海活动，滨海湿地大面积减少，自然岸线锐减，对海洋和陆地生态系统造成损害。为切实提高滨海湿地保护水平,严格管控围填海活动,须强化整治修复,制定滨海湿地生态损害鉴定评估、赔偿、修复等技术规范。坚持自然恢复为主、人工修复为辅,加大财政支持力度,积极推进"蓝色海湾""南红北柳""生态岛礁"等重大生态修复工程,支持通过退围还海、退养还滩、退耕还湿等方式,逐步修复已经破坏的滨海湿地。

2) 2018年12月20日,《自然资源部 国家发展和改革委员会关于贯彻落实〈国务院关于加强滨海湿地保护严格管控围填海的通知〉的实施意见》提出:

(1) 严控新增围填海,保障国家重大战略项目用海。

(2) 开展现状调查,加快处理围填海历史遗留问题。

(3) 提升监管能力,全面落实严控围填海政策。

3) 2018年12月27日,自然资源部印发《关于进一步明确围填海历史遗留问题处理有关要求的通知》,提出:

(1) 基本原则

① 坚持生态优先、集约利用;

② 坚持分类施策、分步实施;

③ 坚持依法依规、积极稳妥。

(2) 妥善处理已取得海域使用权但未利用的围填海项目

① 加快开发利用;

② 进行必要的生态修复;

③ 最大限度控制填海面积。

(3) 依法处置未取得海域使用权的围填海项目

① 开展生态评估和生态保护修复方案编制;

② 按要求报送具体处理方案;

③ 进行完整性、合规性和一致性审查;

④ 办理用海手续;

⑤ 组织开展生态修复。

(4) 有关要求

① 切实厘清责任;

② 严禁弄虚作假。

第 2 章
围填海项目生态评估及生态保护修复

围填海项目的生态评估及生态保护修复是指通过对围填海项目的生态环境影响及其产生的生态损害进行评估,从而提出适宜的损害赔偿、资源补偿和修复方案。通过进行评估和制定修复方案,达到加强经营管理,提高项目经济、社会和环境的整体综合效益,为项目决策部门提供依据的目的。围填海项目的生态评估及生态保护修复工作是促进海洋经济可持续发展的必然产物,是保证海洋经济高质量发展的有效手段。

2.1 基本理论

2.1.1 海域资源价值理论

《海域使用管理法》中明确:"本法所称海域,是指中华人民共和国内水、领海的水面、水体、海床和底土","海域属于国家所有,国务院代表国家行使海域所有权。任何单位或者个人不得侵占、买卖或者以其他形式非法转让海域。单位和个人使用海域,必须依法取得海域使用权"。

海域资源包括自然资源和环境资源,其中自然资源指供给人类生存的物质与能量,环境资源指满足与服务人类生存的生态环境条件。海域自然资源包括海域空间资源、海岸资源、渔业资源、无居民海岛资源、能源资源(可再生能源资源和不可再生能源资源)和矿产资源等;海域环境资源包括水质环境资源、水深资源、底质资源和生物资源(海洋生物质量和基因库)等。

海域资源具有自然资源的一般性,因此,自然资源价值理论体系适用于海域资源价值理论体系。海域资源价值包括两大部分:海域资源价值、海洋生态环境服务价值,两部分均为具有一定价值量物的价值总和。编者将海域资源价值总结公式如下:

$$V = \sum_{i=1}^{n} V_i + \sum_{j=1}^{k} V_j$$

式中：V 为海域资源价值总和；V_i 为第 i 类海域资源价值；V_j 为第 j 类海洋生态环境服务价值；$n=1,2,3,4,5,\cdots$；$k=1,2,3,4,5,\cdots$。

2.1.2 海域综合管理理论

海域综合管理是各级海洋行政管理部门代表政府履行的一项基本职责。它的核心内容包括：海域使用管理、海洋环境管理以及海洋权益管理。《中国海洋21世纪议程》把海洋综合管理表述为：海洋综合管理应从国家的海洋权益、海洋资源、海洋环境的整体利益出发，通过方针、政策、法规、区划、规划的制定和实施，以及组织协调、综合平衡有关产业部门和沿海地区在开发利用海洋中的关系，以达到维护海洋权益、合理开发海洋资源、保护海洋环境、促进海洋经济持续、快速、协调发展的目的。

一般来说，海域综合管理包括 4 个方面的内容：

（1）海域综合管理不是对海洋的某一局部区域或某一方面的具体内容进行管理，而是立足全部海域和根本长远利益，对海洋整体、内容全覆盖的统筹协调的高层次管理形式。

（2）海域综合管理的目标，集中于国家在海洋整体上的系统功效和继续发展、持续海洋开发利用的创造。

（3）海域综合管理侧重于全局、整体、宏观和共用条件的建立与实践。

（4）国家管辖海域之外的海洋利益的维护和取得，也是海域综合管理的基本任务。公海区域的空间与矿产资源是全人类的共同遗产，合理享用是各国的权利，当然也有维护公海区域自然环境的义务。

2.1.3 陆海统筹理论

党的十九大报告指出，坚持陆海统筹，加快建设海洋强国。陆海统筹实质上是对海洋、沿海地区、内陆三个部分关系的讨论。国际通常使用"一体化"表达"统筹"的概念，较为典型的如《21世纪议程》中提出采用"一体化管理和开发（UNCED）"方式开展海洋和海岸带管理。有学者指出，海洋一体化政策包括沿海地区的海洋部门和其他以土地为基础的部门之间的一体化，以及沿海地区陆地和水域之间的一体化。

陆海统筹是对陆地和海洋开发的统一筹划，即利用陆海经济系统之间的联系，统一筹划陆地和海洋这两个大系统的资源利用、经济发展、环境保护和生态安全,从而促进海陆一体化发展。

实施陆海统筹是国家宏观层面的战略部署,为解决海陆均衡发展的矛盾、优化海陆资源配置、实现国家多方面的可持续发展提供了新思路,是将海陆兼备这一地缘政治劣势转化为具有优势的最佳配置,对促进陆海经济发展和保障海洋生态可持续发展具有重要的实践意义。

2.1.4 可持续发展理论

可持续发展理论(Sustainable Development Theory)是指既满足当代人的需要,又不对后代人满足其需要的能力构成危害的发展,以公平性、持续性、共同性为三大基本原则。

可持续发展理论的最终目的是达到共同、协调、公平、高效、多维的发展。

在具体内容方面,可持续发展涉及可持续经济、可持续生态和可持续社会三方面的协调统一,要求人类在发展中讲究经济效率、关注生态和谐和追求社会公平,最终达到人的全面发展。这表明,可持续发展虽然缘起于环境保护问题,但作为一个指导人类走向21世纪的发展理论,它已经超越了单纯的环境保护。它将环境问题与发展问题有机地结合起来,已经成为一个有关社会经济发展的全面性战略。具体地说:

(1) 在经济可持续发展方面:可持续发展鼓励经济增长而不是以环境保护为名取消经济增长,因为经济发展是国家实力和社会财富的基础。而可持续发展不仅重视经济增长的数量,更追求经济发展的质量。可持续发展要求改变传统的以"高投入、高消耗、高污染"为特征的生产模式和消费模式,实施清洁生产和文明消费,以提高经济活动中的效益、节约资源和减少废物。从某种角度上,可以说集约型的经济增长方式就是可持续发展在经济方面的体现。

(2) 在生态可持续发展方面:可持续发展要求经济建设和社会发展要与自然承载能力相协调。发展的同时必须保护和改善地球生态环境,保证以可持续的方式使用自然资源和环境成本,使人类的发展控制在地球承载能力之内。因此,可持续发展强调了发展是有限制的,没有限制就没有发展的持续。生态可持续发展同样强调环境保护,但不同于以往将环境保护与社会发展对立的做法,可持续发展要求通过转变发展模式,从人类发展的源头、从根本上解决环境问题。

(3) 在社会可持续发展方面:可持续发展强调社会公平是环境保护得以实现的机制和目标。可持续发展指出世界各国的发展阶段可以不同,发展的具体目标也各不相同,但发展的本质应包括改善人类生活质量,提高人类健康水平,创造一个保障人们平等、自由、教育、人权和免受暴力的社会环境。这就是说,在人类可持续发展系统中,生态可持续是基础,经济可持续是条件,社会可持续才是目的。下一世纪人类应该共同追求的是以人为本位的自然-经济-社会复合系统的持续、稳定、健康发展。

作为一个具有强大综合性和交叉性的研究领域,可持续发展涉及众多的学科,可以有不同重点的展开。例如,生态学家着重从自然方面把握可持续发展,理解可持续发展是不超越环境系统更新能力的人类社会的发展;经济学家着重从经济方面把握可持续发展,理解可持续发展是在保持自然资源质量和其持久供应能力的前提下,使经济增长的净利益增加到最大限度;社会学家从社会角度把握可持续发展,理解可持续发展是在不超出维持生态系统涵容能力的情况下,尽可能地改善人类的生活品质;科技工作者则更多地从技术角度把握可持续发展,把可持续发展理解为是建立极少产生废料和污染物的绿色工艺或技术系统。

2.1.5 高质量发展

高质量发展是发展经济学核心概念。高质量发展也叫经济高质量发展,真正的经济发展都是高质量发展。经济高质量发展是经济数据精确、营商环境优化、产品质量保证、资源精准对接与优化配置的增长方式;是创新驱动型经济的增长方式;是创新高效节能环保高附加值的增长方式;是智慧经济为主导,高附加值为核心,质量主导数量,GDP无水分,使经济总量成为有效经济总量,推动产业不断升级,推动经济建设、政治建设、文化建设、社会建设、生态文明建设五位一体全面可持续发展的增长方式。创新性、再生性、生态性、精细性、高效益是经济高质量发展的本质特征。经济高质量发展,实现了增长与发展的统一、增长方式与发展模式的统一。经济高质量发展是现代化经济体系的本质特征,也是供给侧结构性改革的根本目标。精准经济学是经济高质量发展的理论指导。

2.2 围填海项目生态评估

2.2.1 评估目的

根据围填海区域背景资料和周边海域海洋生态环境资料,查明环境质量现状；在充分论证围填海区域工程概况、施工情况、围填海规模、已采取的生态环保措施等资料后,分析预测围填海对周围环境的影响程度及范围,梳理主要生态问题;针对主要生态问题,结合项目所在海域生态功能定位,确定海洋生态保护修复重点和目标;提出生态修复对策,为处理围填海历史遗留问题提供决策依据。

2.2.2 评估依据

2.2.2.1 法律、法规、规章依据

《中华人民共和国环境保护法》

《中华人民共和国环境影响评价法》

《中华人民共和国海洋环境保护法》

《中华人民共和国水污染防治法》

《中华人民共和国固体废物污染环境防治法》

《中华人民共和国海域使用管理法》

《中华人民共和国渔业法》

《建设项目环境保护管理条例》

《中华人民共和国防治陆源污染物污染损害海洋环境管理条例》

《防治海洋工程建设项目污染损害海洋环境管理条例》

《中华人民共和国自然保护区条例》

《沿海海域船舶排污设备铅封管理规定》

《中华人民共和国防治海岸工程建设项目污染损害海洋环境管理条例》

《中华人民共和国船舶污染海洋环境应急防备和应急处置管理规定》

《国务院关于加强滨海湿地保护严格管控围填海的通知》(国发〔2018〕24号)

《关于贯彻落实〈国务院关于加强滨海湿地保护严格管控围填海的通知〉的实施意见》(自然资规〔2018〕5号)

《自然资源部关于进一步明确围填海历史遗留问题处理有关要求的通知》(自然资规〔2018〕7号)

包含但不限于以上内容。

2.2.2.2 技术依据

《海洋工程环境影响评价技术导则》(GB/T 19485—2014);

《海水水质标准》(GB 3097—1997);

《海洋沉积物质量》(GB 18668—2002)；

《海洋生物质量》(GB 18421—2001)；

《海洋调查规范》(GB/T 12763—2007)；

《海洋监测规范》(GB 17378—2007)；

《海域使用分类》(HY/T 123—2009)；

《建设项目对海洋生物资源影响评价技术规程》(SC/T 9110—2007)；

《海域使用面积测量规范》(HY 070—2003)；

《建设项目环境风险评价技术导则》(HJ 169—2018)；

《海港水文规范》(JTS 145—2—2013)；

《海洋工程地形测量规范》(GB/T 17501—2017)；

《全球定位系统(GPS)测量规范》(GB/T 18314—2009)；

《宗海图编绘技术规范》(HY/T 251—2018)；

《近岸海洋生态健康评价指南》(HY/T 087—2005)》；

《海水质量状况评价技术规程(试行)》；

《建设项目用海面积控制指标(试行)》；

《围填海工程生态评估技术指南(试行)》；

《围填海项目生态建设技术指南(试行)》；

《围填海项目生态保护修复方案编制技术指南(试行)》等。

2.2.3 评估原则

(1) 生态优先。树立尊重自然、顺应自然、保护自然的理念，立足于自然资源的整体性保护，开展科学评估。

(2) 分类施策。根据围填海项目造成的生态影响，有针对性地提出处置方案和生态修复对策。

(3) 科学严谨。采用定量与定性分析结合的方法，运用成熟的评价标准，客观评估围填海项目造成的生态影响和生态损害。

(4) 统筹兼顾。统筹考虑围填海历史遗留问题处理，最大程度降低处理成本，调查要素以生态评估需求为主，可兼顾海域使用论证的需要。

2.2.4 评估内容

依据《围填海项目生态评估技术指南(试行)》，结合围填海所在海域的环境

特征,确定评估报告的主要内容如下:
(1) 水动力、地形地貌与冲淤环境影响评估。
(2) 海水水质、沉积物、海洋生态及生物资源影响评估。
(3) 生态敏感目标影响评估。
(4) 生态修复对策。

2.2.5 评估方法

2.2.5.1 生态影响评估方法

利用围填海前后实测的水文调查资料,采用数值模拟的方式模拟项目前后(主要是工程建设前和建成后)所在水域的流速、流向情况,选取围填海周边的生态及环境敏感目标作为代表点,分析代表点流速、流向变化程度,对比预测结果与围填海建成后实测结果的吻合性,分析项目前后水动力的变化情况。

采用数值模拟的方式分析围填海前后水下地形与冲淤变化的情况,对比分析水下地形变化的吻合性。

采用围填海前后实测水质和沉积物调查数据,分析与主要污染因子相关的变化情况和变化程度。

采用围填海前后实测生态数据,分析潮间带生物、浮游生物、底栖生物、渔业资源、海洋生物质量等变化情况和变化程度。

给出项目周边海域生态敏感目标分布,根据水文动力影响评估、地形地貌与冲淤环境影响评估、水质和沉积物环境影响评估、海洋生物影响评估等方面分析生态敏感目标的影响。

2.2.5.2 生态损害评估方法

根据海洋生态系统服务价值评估的相关计算方法,计算海洋供给服务价值、海洋调节服务价值、海洋文化服务价值和海洋支持服务价值。

根据《建设项目对海洋生物资源影响评价技术规程》,计算围填海海洋生物资源损失价值。

2.2.6 评估路线

围填海项目生态评估工作的具体程序可分为准备、调查、评估和报告编制等阶段(图 2.2-1)。

```
┌─────────────────────────────────────────────────────────────┐
│ 准备  │ ┌─────────────────────────┐ ┌──────────────────────┐ │
│ 阶段  │ │收集围填海项目基本情况、  │ │了解海域开发现状和    │ │
│       │ │所在海域背景资料及前期    │ │生态敏感目标          │ │
│       │ │工作成果                  │ │                      │ │
│       │ └──────────┬──────────────┘ └─────────┬────────────┘ │
│       │            └────────────┬─────────────┘              │
│       │           ┌─────────────┴─────────────────────┐      │
│       │           │确定评估范围,编制工作方案,明确评估 │      │
│       │           │工作内容                           │      │
│       │           └───────────────────────────────────┘      │
└─────────────────────────────────────────────────────────────┘

┌─────────────────────────────────────────────────────────────┐
│ 调查  │           ┌───────────────────┐                      │
│ 阶段  │           │ 编制调查方案      │                      │
│       │           └─────────┬─────────┘                      │
│       │           ┌─────────┴─────────┐                      │
│       │           │ 开展海域生态现状调查│                    │
│       │           └───────────────────┘                      │
└─────────────────────────────────────────────────────────────┘

┌─────────────────────────────────────────────────────────────┐
│ 评估  │ ┌──────────────┐         ┌──────────────┐           │
│ 阶段  │ │ 生态影响评估 │         │ 生态损害评估 │           │
│       │ └──────┬───────┘         └──────┬───────┘           │
│       │        └────────────┬───────────┘                   │
│       │        ┌────────────┴─────────────────┐             │
│       │        │分析生态问题,开展生态影响综合评估│          │
│       │        └──────────────────────────────┘             │
└─────────────────────────────────────────────────────────────┘

┌─────────────────────────────────────────────────────────────┐
│ 报告  │                                                      │
│ 编制  │    ┌──────────────────────────────────────────┐     │
│ 阶段  │    │提出生态修复对策,编制围填海项目生态评估报告│    │
│       │    └──────────────────────────────────────────┘     │
└─────────────────────────────────────────────────────────────┘
```

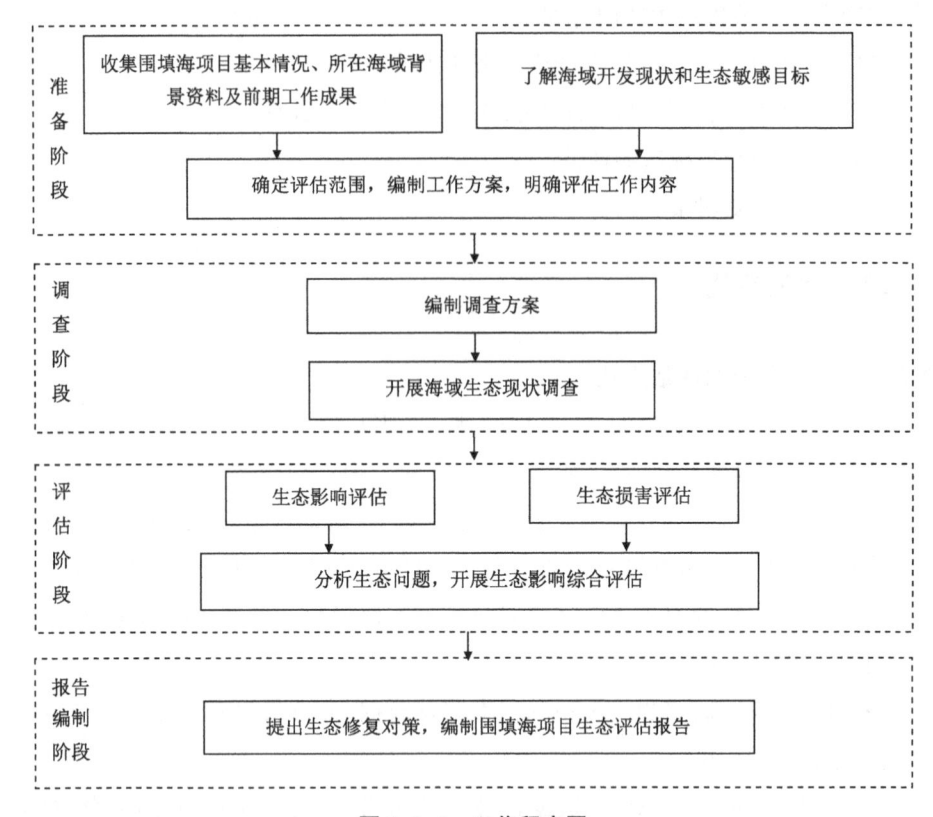

图 2.2-1　工作程序图

准备阶段：收集围填海项目基本情况、所在海域的背景资料及前期工作成果，了解项目周边海域开发利用现状和生态敏感目标，确定评估范围，编制评估工作方案。

调查阶段：编制调查方案，明确调查内容、调查时间和调查方法等，组织实施海域生态现状调查。

评估阶段：结合收集的资料和现状调查结果，对比分析围填海项目实施前后海洋生态环境要素的变化情况，评估围填海项目对海洋生态影响程度和生态损害价值。科学分析围填海项目产生的生态问题，开展围填海项目海洋生态影响综合评估。

报告编制阶段：根据评估的内容和结论，提出生态修复对策，编制围填海项目生态评估报告。

2.2.7 环境质量标准

表 2.2-1 海水水质标准

评价标准：《海水水质标准》(GB 3097—1997)				
项目名称	最高容许浓度(mg/L)			
	第一类	第二类	第三类	第四类
pH	7.8～8.5 同时不超出该海域正常变动范围的0.2pH单位		6.8～8.8 同时不超出该海域正常变动范围的0.5pH单位	
无机氮(TIN)≤（以N计）	0.20	0.30	0.40	0.50
活性磷酸盐(PO_4-P)≤（以P计）	0.015	0.030		0.045
化学需氧量(COD)≤	2	3	4	5
溶解氧(DO)>	6	5	4	3
铅(Pb)≤	0.001	0.005	0.010	0.050
锌(Zn)≤	0.020	0.050	0.10	0.50
总铬(Cr)≤	0.05	0.10	0.20	0.50
镉(Cd)≤	0.001	0.005	0.010	
铜(Cu)≤	0.005	0.010	0.050	
砷(As)≤	0.020	0.030	0.050	
汞(Hg)≤	0.000 05	0.000 2		0.000 5
石油类(Oil)≤	0.05	0.30		0.50

表 2.2-2 海洋沉积物质量标准

评价标准：《海洋沉积物质量》(GB 18668—2002)										
指标	($\times 10^{-6}$)									($\times 10^{-2}$)
	石油类	硫化物	铜	铅	锌	镉	砷	汞	铬	有机碳
第一类	500.0	300.0	35.0	60.0	150.0	0.50	20.0	0.20	80.0	2.0
第二类	1 000.0	500.0	100.0	130.0	350.0	1.50	65.0	0.50	150.0	3.0

表 2.2-3　海洋贝类生物质量标准值(鲜重)　　　　　单位：mg/kg

评价标准：《海洋生物质量》(GB 18421—2001)			
监测项目	第一类	第二类	第三类
总汞≤	0.05	0.10	0.30
镉≤	0.2	2.0	5.0
铅≤	0.1	2.0	6.0
锌≤	20	50	100(牡蛎 500)
铜≤	10	25	50(牡蛎 100)
砷≤	1.0	5.0	8.0
铬≤	0.5	2.0	6.0
石油烃	15	50	80

表 2.2-4　海洋生物质量《全国海岸带和海涂资源综合调查简明规程》中的标准值

单位：mg/kg

评价项目		铜≤	锌≤	铅≤	镉≤	汞≤
评价标准	鱼类	20	40	2.0	0.6	0.3
	甲壳类	100	150	2.0	2.0	0.2
	软体类	100	250	10.0	5.5	0.3

表 2.2-5　海洋生物质量《第二次全国海洋污染基线调查技术规程》中的标准值

单位：mg/kg

生物种类	铬≤	砷≤	石油烃
鱼类	1.5	5.0	20
甲壳类	1.5	8.0	20
软体类	5.5	10	20

2.3　围填海项目生态保护修复

2.3.1　修复重点和目标

根据围填海现状和对海洋生态环境的影响程度，梳理主要生态问题，确定生态保护修复重点,制定针对性的生态保护修复目标,提出可量化的考核指标。

围填海项目生态保护修复应根据项目实际情况,选择海岸线、滨海湿地、海洋生物资源、水文动力和冲淤环境、海岛生态系统等作为生态保护修复重点。对严重破坏海洋生态环境需要拆除的,还应关注海洋生境重建。同时,拆除方案应从海洋生态保护角度进行比选分析,给出推荐方案。

2.3.2 修复原则

(1) 问题导向、因地制宜

充分考虑围填海项目造成的生态损害和资源占用等问题,科学确定保护修复重点与目标,制定有针对性的保护修复措施。

(2) 保护优先、自然恢复

秉持尊重自然、顺应自然的理念,遵循原有生态系统的特征,制定以自然恢复为主、人工修复为辅的修复对策,逐步修复已经破坏的滨海湿地,最大程度恢复生态系统功能。

(3) 统筹考虑,合理布局

考虑一定区域内所有围填海项目生态修复的统筹问题,合理空间布局,提升生态修复综合成效。对异地修复项目,应在更大的空间范围上统筹,按照空间规划总体布局研究确定项目选址方案。

(4) 切合实际、注重实效

充分考虑生态保护修复工程的成本与效益,增强生态保护修复方案的可操作性;加强监管,确保生态保护修复取得实效。

第3章
浙江省围填海现状调查及处理方案

根据国家要求和浙江省实际情况,在已有工作的基础上,浙江省对现行海洋功能区划范围内约 7.34 万 hm^2 的围填海进行全面摸排。通过本次调查,系统掌握了浙江省围填海分布及开发利用状况,为进一步严格管控围填海、妥善处理围填海历史遗留问题提供决策依据。

3.1 围填海现状调查结果

浙江省围填海分布于现行海洋功能区划范围内的大陆沿岸和海岛沿岸,涉及 5 个市级行政区的 26 个县级行政区,共 1 928 个区块,2 141 个测量单元,总面积为 65 338 hm^2。

1. 区域分布

对沿海 5 个市级行政区的现状围填海面积进行统计,宁波市现状围填海面积最大,为 27 710 hm^2,占全省现状围填海总面积的 42%;温州市次之,为 16 129 hm^2,占 25%;台州市第三,为 13 686 hm^2,占 21%;舟山市第四,为 7 287 hm^2,占 11%;嘉兴市最少,为 526 hm^2,占 1%(图 3.1-1)。

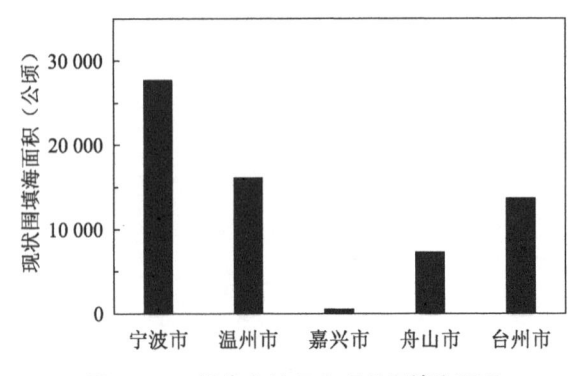

图 3.1-1 沿海各地级市现状围填海面积

2. 工程状态

全省 65 338 hm² 围填海区域,按围填海工程状态分,已填成陆 41 699 hm²,占比约 64%;围而未填 7 077 hm²,占比约 11%;批而未填 1 022 hm²,占比约 1%;自然淤积 15 540 hm²,占比约 24%(图 3.1-2)。

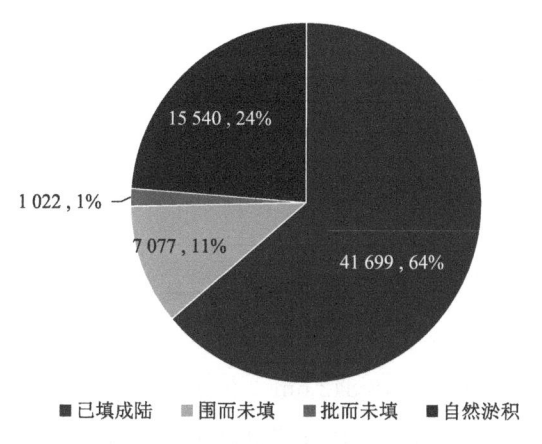

图 3.1-2　浙江省围填海工程状态分类及比例

3. 审批状态

审批状态共分 4 类,分别为海域确权、土地确权、未确权但有行政审批手续和无任何填海审批手续。其中,海域确权包括取得海域使用权证书、海域使用权证换发土地证书、办理公共用海登记手续、已获得海域使用批复并缴纳海域使用金但未发权属证书;土地确权包括直接发放土地证书和已办理土地登记未发证;未确权但有行政审批手续包括区域用海规划批复、土地收储(征用、转用)、水利围垦许可、整治修复项目批复;无任何填海审批手续包括改变批准用途或用海方式和无任何行政审批手续(表 3.1-1)。

表 3.1-1　全省围填海审批状态分类统计表　　　　　　单位:hm²

审批状态	类型	面积	合计
海域确权	取得海域使用权证书	12 519	18 842
	海域使用权证换发土地证书	2 822	
	办理公共用海登记手续	3 501	
	已获得海域使用批复并缴纳海域使用金但未发权属证书	0	

续 表

审批状态	类型	面积	合计
土地确权	直接发放土地证书	599	610
	已办理土地登记未发证	11	
未确权但有行政审批手续	区域用海规划批复	9 238	26 285
	土地收储(征用、转用)	2 676	
	水利围垦许可	14 349	
	整治修复项目批复	22	
无任何填海审批手续	改变批准用途或用海方式	6 083	19 601
	无任何行政审批手续	13 518	
合计		65 338	

海域确权的围填海面积 18 842 hm², 占总面积的 29%; 土地确权的围填海面积 610 hm², 占 1%; 未确权但有行政审批手续的围填海面积 26 285 hm², 占 40%; 无任何填海审批手续的围填海面积 19 601 hm², 占 30%(图 3.1-3)。

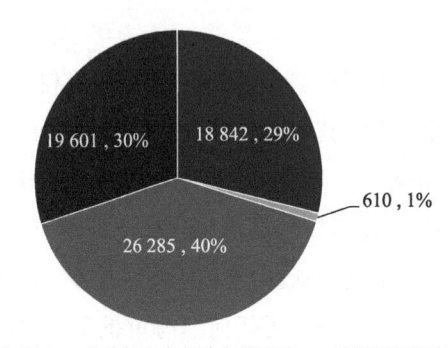

图 3.1-3 全省围填海审批状态分类及比例

4. 利用状态

利用状态分为已利用和未利用。已填成陆区域内有实体建设项目、建筑设施或基础设施的,认定为已利用,其他均为未利用。

全省围填海区域,已利用面积 20 443 hm², 占总面积的 31%; 未利用面积 44 895 hm²(已填成陆未利用 21 256 hm², 围而未填未利用 7 077 hm², 批而未填未利用 1 022 hm², 自然淤积未利用 15 540 hm²), 占 69%(图 3.1-4)。

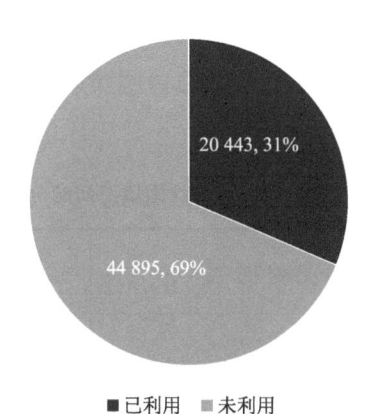

图 3.1-4　全省围填海利用状态分类及比例

3.2　围填海历史遗留问题分类及处置建议

根据自然资源部要求,《中华人民共和国海域使用管理法》实施前已填成陆区域不纳入围填海历史遗留问题,本节均按此要求统计分类。

3.2.1　问题分类

浙江省围填海区域划分为 15 种问题类型:①已填成陆已利用(以下简称"已填已用")区域有 4 种类型,分别为:海域确权(1-A)、土地确权(1-B)、未确权但有行政审批手续(1-C)、无任何填海审批手续(1-D);②已填成陆未利用(以下简称"填而未用")区域有 4 种类型,分别为:海域确权(2-A)、土地确权(2-B)、未确权但有行政审批手续(2-C)、无任何填海审批手续(2-D);③围而未填区域有 3 种类型,分别为:海域确权(3-A)、未确权但有行政审批手续(3-C)、无任何填海审批手续(3-D);④批而未填区域,只有 1 种类型:海域确权(4-A);⑤自然淤积区域有 3 种类型,分别为:海域确权(5-A)、未确权但有行政审批手续(5-C)、无任何填海审批手续(5-D)(表 3.2-1)。

根据自然资源部关于历史遗留问题清单的建议,将以下类型纳入问题清单,作为围填海历史遗留问题进行分类处置:1-C、1-D、2-A、2-C、2-D、3-A、4-A。经统计,此 7 种类型,围填海区块共 838 个,面积共 29 881 hm^2。

鉴于浙江省的实际情况,建议将自然淤积区域的 5-A、5-C、5-D 纳入问题清单,作为围填海历史遗留问题进行分类处置。经统计,此 3 种类型,围填海区块共 104 个,面积共 15 540 hm²。

综上所述,浙江省纳入围填海历史遗留问题清单的共 10 种类型,围填海区块 942 个,面积 45 421 hm²(表 3.2-2)。

表 3.2-1　浙江省现状围填海问题分类表

区域		问题种类	面积(hm²)	问题编码	是否纳入问题清单
1	已填已用	海域确权	13 493	1-A	否
		土地确权	537	1-B	否
		未确权但有行政审批手续	4 844	1-C	是
		无任何填海审批手续	1 295	1-D	是
2	填而未用	海域确权	2 491	2-A	是
		土地确权	45	2-B	否
		未确权但有行政审批手续	15 288	2-C	是
		无任何填海审批手续	3 421	2-D	是
3	围而未填	海域确权	1 520	3-A	是
		未确权但有行政审批手续	3 435	3-C	否
		无任何填海审批手续	2 123	3-D	否
4	批而未填	海域确权	1 022	4-A	是
5	自然淤积	海域确权	106	5-A	是
		未确权但有行政审批手续	2 679	5-C	是
		无任何填海审批手续	12 755	5-D	是
合计			65 054		

表 3.2-2　浙江省围填海历史遗留问题清单问题类型与面积

区域		问题种类	问题编码	面积(hm²)
1	已填已用	未确权但有行政审批手续	1-C	4 844
		无任何填海审批手续	1-D	1 295
2	填而未用	海域确权	2-A	2 491
		未确权但有行政审批手续	2-C	15 288
		无任何填海审批手续	2-D	3 421

续 表

	区域	问题种类	问题编码	面积(hm^2)
3	围而未填	海域确权	3-A	1 520
4	批而未填	海域确权	4-A	1 022
5	自然淤积	海域确权	5-A	106
		未确权但有行政审批手续	5-C	2 679
		无任何填海审批手续	5-D	12 755
合计				45 421

3.2.2 已填已用区域

1. 未确权但有行政审批手续的已填已用区域(1-C)

未确权但有行政审批手续的已填已用区域,面积共 4 844 hm^2,涉及 5 个市级行政区的 22 个县级行政区。

鉴于土地、水利、海洋等部门已实施相关的管理行为,建议对未确权但有行政审批手续的已填已用区域根据实际情况来确定是否查处。但应组织开展围填海生态评估,安排必要的生态修复措施,并依法依规办理用海相关手续。

土地收储(征用、转用)的已填已用区域还要按照"多规合一"的要求,进一步做好海洋功能区划与土地利用总体规划的衔接。

在处置水利围垦许可形成的已填已用区域时,还应坚持"尊重历史,实事求是"原则,以发展的眼光客观看待和依法妥善处理《海域使用管理法》实施过程中法律法规的衔接问题。

2. 无任何填海审批手续的已填已用区域(1-D)

无任何填海审批手续的已填已用区域,面积共 1 295 hm^2,涉及 4 个市级行政区的 22 个县级行政区。

涉及违法违规用海的,应依法依规严肃查处。组织开展生态评估,安排必要的生态修复措施,并依法依规办理用海相关手续,追认合法。

改变批准用海方式的已填已用区域成因复杂,应以"分类施策"为原则,在核查甄别的基础上,按照"一宗一策"要求,进行精准处置。

3.2.3 填而未用区域

1. 海域确权的填而未用区域(2-A)

海域确权的填而未用区域,面积 2 491 hm^2,涉及 4 个市级行政区的 13 个县级行政区。

(1) 取得海域使用权证书和办理公共用海登记的填而未用区域

在《国务院关于加强滨海湿地保护严格管控围填海的通知》下发前已完成围填海的,省级自然资源主管部门监督指导海域使用权人在符合国家产业政策的前提下加快集约节约开发利用,并进行必要的生态修复。严格限制围填海用于房地产开发、低水平重复建设旅游休闲娱乐项目及污染海洋生态环境的项目。已完成竣工验收手续的围填海项目应加快换发土地权属证书;已经完工具备竣工验收条件但未完成竣工验收的围填海项目,抓紧办理竣工验收手续。

(2) 海域权证换发土地证书的填而未用区域

由县级以上人民政府自然资源行政主管部门督促用海主体加快集约利用,并进行必要的生态修复,按照土地利用相关政策法规进行管理。

2. 未确权但有行政审批手续的填而未用区域(2-C)

未确权但有行政审批手续的填而未用区域,面积 15 288 hm^2,涉及 5 个市级行政区的 23 个县级行政区。

在符合国家产业政策的前提下,按生态用海要求,加快集约节约利用。组织开展生态评估,对海洋生态环境无重大影响的,安排必要的生态修复措施,并依法依规办理用海相关手续,追认合法;对严重破坏海洋生态环境的坚决予以拆除。

土地收储(征用、转用)的填而未用区域还要按照"多规合一"的要求,进一步做好海洋功能区划与土地利用总体规划的衔接。

在处置水利围垦许可形成的填而未用区域时,还应坚持"尊重历史,实事求是"原则,以发展的眼光客观看待和依法妥善处理《海域使用管理法》实施过程中法律法规的衔接问题。

3. 无任何填海审批手续的填而未用区域(2-D)

无任何填海审批手续的填而未用区域,面积 3 421 hm^2,涉及 4 个市级行政区的 18 个县级行政区。

涉及违法违规用海的,应依法依规严肃查处。

在符合国家产业政策的前提下,按生态用海要求,集约节约利用。

组织开展生态评估,对海洋生态环境无重大影响的,安排必要的生态修复措施,并依法依规办理用海相关手续,追认合法;对严重破坏海洋生态环境的坚决予以拆除。

改变批准用海方式的填而未用区域成因复杂,应以"分类施策"为原则,在核查甄别的基础上,按照"一宗一策"要求,进行精准处置。

3.2.4 围而未填区域

海域确权的围而未填区域(3-A),面积 1 520 hm^2,涉及 4 个市级行政区的 11 个县级行政区。

应最大限度控制围填海面积,并进行必要的生态修复,确需继续围填海的,由省级人民政府审核同意后实施并报自然资源部备案。

实施过程中应依法保障海域使用权人的合法权益,并充分体现生态用海理念,优化围填海平面布局,尽可能减少岸线资源的占用,科学合理地确定围填海面积。

3.2.5 批而未填区域

海域确权的批而未填区域(4-A),面积 1 022 hm^2,涉及 4 个市级行政区的 14 个县级行政区。

应最大限度控制围填海面积,并进行必要的生态修复,确需继续围填海的,由省级人民政府审核同意后实施并报自然资源部备案。

实施过程中应依法保障海域使用权人的合法权益,并充分体现生态用海理念,优化围填海平面布局,尽可能减少岸线资源的占用,科学合理地确定围填海面积。

3.2.6 自然淤积区域

1. 海域确权的自然淤积区域(5-A)

海域确权的自然淤积区域,面积 106 hm^2,涉及 2 个市级行政区的 2 个县级行政区。

省级自然资源主管部门监督指导海域使用权人在符合国家产业政策的前提

下加快集约节约开发利用,并进行必要的生态修复。严格限制围填海用于房地产开发、低水平重复建设旅游休闲娱乐项目及污染海洋生态环境的项目。

2. 未确权但有行政审批手续的自然淤积区域(5-C)

未确权但有行政审批手续的自然淤积区域,面积 2 679 hm^2,涉及 3 个市级行政区的 4 个县级行政区。

在符合国家产业政策的前提下,按生态用海要求,集约节约利用。组织开展生态评估,安排必要的生态修复措施,并依法依规办理用海相关手续。

土地收储(征用、转用)的自然淤积区域还要按照"多规合一"的要求,进一步做好海洋功能区划与土地利用总体规划的衔接。

3. 无任何填海审批手续的自然淤积区域(5-D)

无任何填海审批手续的自然淤积区域,面积 12 755 hm^2,涉及 4 个市级行政区的 15 个县级行政区。

组织开展生态评估,安排必要的生态修复措施。在符合国家产业政策的前提下,按生态用海要求,集约节约利用,依法依规办理用海相关手续。

第4章
舟山市钓梁区块围填海项目生态评估与整治修复研究

舟山市钓梁区块围填海项目位于浙江省舟山市本岛东北部的钓山与梁横山之间，行政上属于定海区的北蝉乡和普陀区的展茅街道管辖。钓梁围区的用海面积为 1 234.041 1 hm²，其中已填成陆海域确权面积为 402.182 8 hm²，土地确权面积 2.908 2 hm²，围而未填未登记备案未发证的用海面积为 301.399 4 hm²，已填成陆未登记备案未发证用海面积为 527.550 7 hm²。其中，已填成陆未登记备案未发证的 527.550 7 hm² 纳入围填海历史遗留问题清单。根据《国务院关于加强滨海湿地保护严格管控围填海的通知》和《自然资源部关于进一步明确围填海历史遗留问题处理有关要求的通知》，省级自然资源主管部门按照省政府的要求，依照《自然资源部办公厅关于印发〈围填海项目生态评估技术指南（试行）〉等技术指南的通知》，开展了舟山市钓梁区块围填海项目的生态评估工作。首先对工程区进行了现场踏勘、收集了有关工程资料；在收集现状资料和补充调查的基础上，通过工程前后资料对比分析，结合模拟预测结果，评估了舟山市钓梁区块围填海项目建设对本海域生态环境的影响程度，同时提出了生态修复对策，为妥善解决舟山市围填海历史遗留问题提供重要的依据。

4.1 围填海项目概况

4.1.1 地理位置

舟山市钓梁区块围填海项目位于舟山市东北部的钓山与梁横山之间，跨越定海和普陀两区，南侧为螺门水道，工程钓山侧距舟山市区 20 km。

4.1.2 建设背景

浙江舟山群岛新区——钓梁区块区域建设用海规划区范围包括梁横山、钓山、团结海塘等区域,区域总用海面积 1 381.35 hm^2(规划总面积 1 846.33 hm^2,其中陆域占 464.98 hm^2),工程总投 202 亿元(表 4.1-1)。

表 4.1-1 钓梁围区施工时序

工程名称	总体施工时间	主要工程施工节点	建设内容
钓梁促围工程	2004.12—2009.12	2009 年 6 月	建成北Ⅰ、Ⅱ促淤坝,北Ⅲ海堤,长春岗海堤和梁横山水闸
		2009 年 12 月	主体工程竣工验收
钓梁围垦工程	2010.11—2014.7	2010 年 11 月	开工建设
		2012 年底	将促淤坝加高闭气形成北Ⅰ、Ⅱ海堤;南堤完成合龙
		2014 年 7 月	工程完成竣工验收

4.1.3 评估目标

根据合理的评价标准,运用生态学方法,评估钓梁区块围填海项目对海洋生态造成的影响和海洋生态价值的损害,明确围填海项目造成的主要生态问题,提出针对性的生态修复对策,为处理围填海历史遗留问题提供决策依据。

4.1.4 评估范围

生态评估范围应涵盖围填海项目实际影响到的全部区域。根据《围填海项目生态评估技术指南(试行)》,一般应以用海外缘线为起点划定,围填海面积大于等于 5 hm^2 的向外扩展 15 km,小于 5 hm^2 的向外扩展 8 km。本项目实际用海面积为 1 234.041 1 hm^2,大于 5 hm^2,因此,最终确定评估范围为围填海区域边界向海侧外扩 15 km 作为边界范围,涉及舟山市的定海区、普陀区和岱山县。评估范围控制坐标见表 4.1-2,面积约 670 km^2。

表 4.1-2　评估范围控制坐标

序号	经度	纬度
a	122°02′22″E	30°14′26″N
b	122°27′18″E	30°14′04″N
c	122°26′45″E	29°56′01″N
d	122°18′38″E	29°56′11″N
e	122°02′14″E	30°08′51″N

4.2　区域环境概况

4.2.1　区域自然环境现状

1. 气象

工程处于中纬度地带,属亚热带海洋性季风气候区,四季分明,冬暖夏凉,气候温暖湿润,光照充足,无霜期长,蒸发量大,无寒潮,台风多在夏季侵袭影响本区域。

工程区内降水日数平均为 142～145 d,雨水集中在 3—6 月份,5 月最大,12 月最少,约 8～9 d。全年降水≥25 mm/d 的天数平均值为 13 d。

工程区多年平均相对湿度 79%～80%;6 月最大湿度 88%～91%,12 月最小湿度 70%～71%。多年平均蒸发量 1 208.3 mm。

工程区风速、风向的季节变化非常明显。冬季盛行 NNW、NW 风,风速较大;春季风向多变,风速也较大:3 月份以 NNW、NW 风为主,4—5 月份以 SSE、ESE 风出现最多;夏季盛行 SSE、ESE 风,风速一般较小,但在台风活动较多的 7—8 月份,风速较大;秋季风向多变,风速较小。工程区多年平均风速 5.2～5.5 m/s,历年最大风速 33.0 m/s,风向 ENE。

工程区主要灾害性气候有台风风暴潮、雾、雷暴等,其中尤其是台风影响最大。

工程区全年各月均有雾,以 3—6 月最多,8—10 月雾日相对较少。雾的维持时间在 3 h 以下的约为 64%,5 h 以下的约为 81%,最长的可维持 12 h 以上。

工程区累年最多雷暴日数为 44 d,累年最少雷暴日数为 13 d,多年平均雷暴日数为 28.3 d。

2. 地质地貌

(1) 区域地质断裂带

工程区位于浙东南褶皱带的丽水-宁波隆起的东北部,特点是中生代强烈活动、新生代活动渐趋转弱,属现代地壳运动相对稳定的地区,基本地震烈度为Ⅶ度。

根据《中国地震动参数区划图》,规划所在区的地震动峰值加速度为 0.10 g(相应地震基本烈度为Ⅶ度),地震动反应谱特征周期:岩基为 0.35 s,软基为 0.65 s。围区范围内地震活动少,震级小,对围区稳定性影响较大的地震活动主要来自附近邻域(邻域地震场的影响也是划分测区地震烈度的主要依据)。

(2) 地形地貌

钓梁围区位于梁横山至钓山之间的脊状浅滩上,整个用海区涂面南北坡度变化较大,乌龟山—牛头山一线以南,坡度约为 1‰~3‰;乌龟山—牛头山一线以北,坡度约为 7‰~10‰。场地现状为海涂,海涂大部分为现代海相沉积层,场地北侧北Ⅰ堤坝、北Ⅱ堤坝、北Ⅲ堤坝及南侧南堤已建成。

目前,项目所在地除北Ⅱ堤坝南侧部分区块及南堤北侧部分区块围而未填外,其余已基本形成高滩。

4.2.2 区域社会环境概况

舟山市是浙江省下辖地级市,位于浙江省东北部,东临东海、西靠杭州湾、北面上海市。地势由西南向东北倾斜,南部岛大,海拔高,排列密集;北部岛小,地势低,分布稀疏;四面环海,属亚热带季风气候,冬暖夏凉,温和湿润,光照充足。

舟山下辖 2 区 2 县,境域东西长 182 km,南北宽 169 km,总面积 2.22 km²,其中海域面积 2.08 km²。根据《2018 年浙江省人口主要数据公报》,2018 年末,舟山市常驻人口达到 117.3 万人。

根据《舟山市 2018 年国民经济和社会发展统计公报》,2018 年,全年地区生产总值(GDP)1 316.7 亿元,按可比价格计算(下同),比上年增长 6.7%。其中,第一产业增加值 142.6 亿元,第二产业增加值 428.4 亿元,第三产业增加值 745.7 亿元,分别增长 5.8%、6.0% 和 7.2%。第一产业增加值占地区生产总值的比重为10.8%,第二产业增加值比重为32.6%,第三产业增加值比重为56.6%。按常住人口计算,人均地区生产总值112 490元,增长6.0%。

2018年全市固定资产投资比上年增长7.5%。其中,民间投资增长34.3%;高新技术产业增长95.2%;交通投资增长43.9%;生态环保和环境治理业增长6.5%。在固定资产投资中,第一产业比上年增长2.3倍;第二产业增长26.2%,其中,工业增长26.3%;第三产业下降4.6%,其中,交运、仓储、邮政业增长28.2%。

4.3 项目建设内容

4.3.1 项目施工情况

北Ⅰ、Ⅱ促淤坝,长春岗海堤,北Ⅲ海堤和梁横山水闸于2009年12月30日完成主体工程竣工验收,属于钓梁促围工程的建设内容。2010年11月,钓梁围垦工程开工建设,将促淤坝加高闭气形成北Ⅰ、Ⅱ海堤,并修建南堤。2012年底,南堤完成合龙;2014年6月30日,南堤完成施工,原设计中的乌龟山水闸由于区域内土地开发性质发生变化而最终取消建设。2014年7月29日,钓梁围垦工程完成竣工验收。

2007年,在钓梁围垦工程实施过程中,先后实施了钓梁高涂围垦养殖用海项目和浙江舟山群岛新区——钓梁区块区域建设用海规划。2014年7月,区域建设用海规划批复后主要进行了南堤的调整和围填区内的填海造地。截至2016年底,钓梁围填海区域内已完成80%的填海造地面积。

4.3.2 环保措施落实情况

根据工程已实施的施工情况,工程施工过程中采取相关措施对废气、废水、噪声、固废等进行防治。本评估中只对工程已实施的与海洋环境保护有关的环保措施进行阐述。

4.3.2.1 施工期水环境污染防治措施

1. 生活污水

施工作业人员生活场地(包括食堂、宿舍等)产生的生活污水经处理达标后回用于道路抑尘或绿化。具体处理工艺如下:

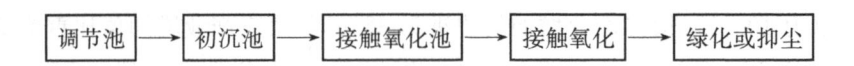

调节池 → 初沉池 → 接触氧化池 → 接触氧化 → 绿化或抑尘

2. 生产废水

（1）建筑施工污水经二次沉淀后重新回用于建筑施工中。

（2）施工船舶舱底含油污水已按海港部门要求，收集后储于船上的污水舱内，到岸后送有相关资质的单位集中处理排放。同时，施工单位还对施工船只进行检查维修，严禁施工船只"带病"作业，以防止发生油料泄漏事故。

4.3.2.2　施工期固体废物防治措施

工程施工人员和管理人员产生的固体废弃物，不得随意丢弃以免造成对环境的污染，应设置临时垃圾桶或垃圾箱，收集后交到环卫部门集中处理。施工中产生的建筑垃圾应及时清运和处理，不得长期堆放，占用道路、耕地等。

4.3.2.3　施工期生态环境保护措施

（1）优化施工场地布置，有效利用土地，在合同规定的征地界限之外，植被维持原状。

（2）堤基软基处理及回填工程在低潮露滩后施工；用挖泥船进行海泥回填筑堤，满舱不溢流；海堤的涂料未采用有害物质。

（3）施工已避开在雨季、台风或天文大潮等不利气象条件下进行，缩短了施工对海水水质影响的时间。

（4）已采取洒水的措施减少扬尘的发生量，回填区形成后，尽快铺设地面、绿化裸土，既可减少扬尘的污染，又可减少泥沙流失入海。

（5）通过地基清理，减少了对海域生态环境造成的损害，以便让水生物尽快恢复。

（6）在回填过程中，已严格执行先围堰，构筑倒虑层，再回填土石方的步骤。堤身填料应尽量就地取材，以减少回填过程对海域水质的影响范围。

（7）主体工程完工后，拆除施工临时设施，进行了场地清理及绿化。

4.4　围填海项目生态影响评估

4.4.1　水文动力环境影响评估

为了解围填海项目实施对水文动力环境的影响，本次评估收集了工程海域

2007年(项目实施前)、2011年(项目实施中)和2019年(项目实施后)的水文测验资料进行对比分析。

4.4.1.1 观测数据分析项目实施水动力变化影响

由于工程前2007年和工程中2011年水文观测季节为夏季,工程后2019年水文观测季节为春季,本围填海工程2010年11月开工建设,2012年底南堤完成合龙。本次主要对工程前与工程中水文观测资料进行对比分析,2019年春季水文观测资料作为参考。

根据工程前2007年以及工程中2011年相关实测资料分析,同时收集2017年春季岱山站实测潮位资料进行对比。表4.4-1为岱山潮位站2007年夏季、2011年夏季和2017年春季的潮汐特征值。

表4.4-1 岱山潮位站潮汐特征值对比(1985国家高程,m)

时间	潮位					潮差			涨、落潮历时	
	最高潮位	最低潮位	平均高潮位	平均低潮位	平均海面	最大潮差	最小潮差	平均潮差	平均涨潮历时	平均落潮历时
2007.06.21—07.05	2.02	−1.16	1.13	−0.70	0.25	3.10	0.79	1.82	5 h 55 min	6 h 28 min
2011.06.01—06.15	2.09	−1.36	1.39	−0.83	0.33	3.35	1.38	2.22	5 h 50 min	6 h 35 min
2019.04.09—05.08	2.05	−1.68	1.30	−0.91	0.24	3.55	0.71	2.21	6 h 00 min	6 h 25 min

由表4.4-1可知:

(1) 2007年岱山站最大潮差3.10 m,最小潮差0.79 m,平均潮差1.82 m;2011年岱山站最大潮差3.35 m,最小潮差1.38 m,平均潮差2.22 m。与2007年夏季相比,2011年夏季岱山潮位站最大潮差增加0.25 m,最小潮差增加0.59 m,差异不大;平均潮差增加0.4 m,约为22%。与2007年夏季相比,2017年春季岱山潮位站最大潮差增加0.45 m,最小潮差减少0.08 m,差异不大;平均潮差增加0.39 m,约为21%。

(2) 2007年岱山站平均涨潮历时为5 h 55 min,平均落潮历时为6 h 28 min,平均落潮历时长于涨潮历时约33 min;2011年岱山站平均涨潮历时为

5 h 50 min,平均落潮历时为 6 h 35 min,平均落潮历时长于涨潮历时约 45 min。与 2007 年夏相比,2011 年夏季岱山站平均涨潮历时减小 5 min,平均落潮历时增加 7 min;与 2007 年夏相比,2017 年春季岱山站平均涨潮历时增加 5 min,平均落潮历时减少 3 min,落潮历时长于涨潮历时。

(3) 2019 年春季,在工程海域布设了钓梁潮位站,其潮汐特征值如表 4.4-2 所示,其最大潮差 4.03 m,最小潮差 0.52 m,平均潮差 2.32 m,平均涨潮历时为 5 h 56 min,平均落潮历时为 6 h 29 min,落潮历时长于涨潮历时。

表 4.4-2　钓梁潮汐特征值统计　　　　　　　　　　　单位:m

项目站名	潮位 最高潮位	潮位 最低潮位	潮位 平均高潮位	潮位 平均低潮位	潮位 平均潮位	潮差 最大潮差	潮差 最小潮差	潮差 平均潮差	涨、落潮历时 平均涨潮历时	涨、落潮历时 平均落潮历时
钓梁	2.48	−1.70	1.33	−1.01	0.21	4.03	0.52	2.32	5 h 56 min	6 h 29 min

注:观测日期为 2019 年 3 月 10 日 00:00—4 月 9 日 23:00。

4.4.1.2　数值模拟分析项目实施水动力变化影响

由于海域实际的水动力影响是众多工程共同作用的结果,为了进一步明确本项目实施独立的影响,采用数值模拟的手段对工程的水动力环境影响进行计算分析。

1. 水动力模型及控制条件

1) 潮流场基本方程

(1) 基本方程

模型基于二维平面不可压缩雷诺(Reynolds)平均纳维埃-斯托克斯(Navier-Stokes)浅水方程建立,对水平动量方程和连续方程在 $h=\eta+d$ 范围内进行积分后可得到下列二维深度平均浅水方程:

连续方程:

$$\frac{\partial \zeta}{\partial t}+\frac{\partial}{\partial x}(hu)+\frac{\partial}{\partial y}(hv)=0 \qquad (4.1\text{-}1)$$

动量方程:

$$\frac{\partial u}{\partial t}+u\frac{\partial u}{\partial x}+v\frac{\partial u}{\partial y}-\frac{\partial}{\partial x}\left(\varepsilon_x\frac{\partial u}{\partial x}\right)-\frac{\partial}{\partial y}\left(\varepsilon_x\frac{\partial u}{\partial y}\right)-fv+\frac{gu\sqrt{u^2+v^2}}{C_z^2 H}$$
$$=-g\frac{\partial \zeta}{\partial x} \qquad (4.1\text{-}2)$$

$$\frac{\partial v}{\partial t}+u\frac{\partial v}{\partial x}+v\frac{\partial v}{\partial y}-\frac{\partial}{\partial x}\left(\varepsilon_x\frac{\partial v}{\partial x}\right)-\frac{\partial}{\partial y}\left(\varepsilon_y\frac{\partial v}{\partial y}\right)-fu+\frac{gv\sqrt{u^2+v^2}}{C_z^2 H}$$
$$=-g\frac{\partial \zeta}{\partial y} \qquad (4.1\text{-}3)$$

式中：ζ 为自静止海面向上起算的海面波动（潮位）；h 为静水深（海底到静止海面的距离）；H 为总水深，$H=h+\zeta$；x 和 y 为原点置于未扰动静止海面的直角坐标系坐标；u 和 v 为沿 x、y 方向的垂向平均流速分量；f 为柯氏参数，$f=2\omega\sin\phi$，其中 ω 是地转角速度，ϕ 是地理纬度；g 为重力加速度；C_z 为谢才系数，$C_z=n\times H^{\frac{1}{6}}$，$n$ 为曼宁系数；ε_x 和 ε_y 为 x 和 y 方向水平涡动黏滞系数。

方程(4.1-1)、方程(4.1-2)和方程(4.1-3)构成了求解潮流场的基本控制方程。为了求解这样一个初边值问题，必须给定适当的边界条件和初始条件。

(2) 边界条件

在本次研究采用的数值模式中，需给定两种边界条件，即闭边界条件和开边界条件。

a. 开边界条件：

所谓开边界条件，即水域边界条件。在此边界上，或者给定流速，或者给定潮位。本研究中开边界给定潮位，即

$$\eta=\eta(x,y,t) \qquad (4.1\text{-}4)$$

b. 闭边界条件：

所谓闭边界条件，即水陆交界条件。在该边界上，水质点的法向流速为0，即

$$V_n=0 \qquad (4.1\text{-}5)$$

对于潮滩，水陆交界的位置随着潮位的涨落而变化，因此模型中考虑了动边界内网格节点的干湿变化。

(3) 基本方程初始条件

$$U(x, y, t_0) = U_0(x, y)$$
$$V(x, y) = V_0(x, y) \quad (4.1\text{-}6)$$
$$\eta(x, y, t_0) = \eta_0(x, y)$$

式中：U_0、V_0、η_0 分别为不同方向的初始流速和潮位。

(4) 基本方程数值方法

a. 空间离散

模型对计算区域的空间离散采用的是有限体积法，可对不同的计算区域采用多种网格剖分形式。在岸界和工程结构物附近采用非等距三角形网格进行单元划分，大大增强了系统对岸线变化和结构物形状的适应性，提高了计算精度。

b. 浅水方程

对浅水方程的具体积分求解过程比较复杂，在此不对其展开论述，需要说明的是在求解浅水方程时，对相邻单元交接面的处理是采用了近似 Reimann 算子对两单元之间的对流通量进行计算，同时还采用了 ROE 方法对左右进出单元的单独变量进行估算。通过采用线性梯度重构方法（Linear Gradient-Reconstruction Technique）在空间上可以实现二阶精度。

对于二维平面潮流数值模型中的浅水方程，可用两种时间积分方式进行积分，即低阶积分和高阶积分。其中，低阶积分采用了一阶显式欧拉法，高阶积分采用了二阶朗格-库塔（Runge-Kutta）法。在本次数值研究中采用了低阶积分格式对浅水方程进行积分。

2) 资料选取与控制条件

(1) 计算域设置

本项目所建立的海域数学模型计算域范围见表 4.4-3，模拟采用非结构三角网格进行。为了能清楚了解本工程附近海域的潮流状况，工程局部采用加密网格，整个模拟区域内由 57 054 个节点和 109 745 个三角单元组成，最小空间步长约为 10 m。

表 4.4-3　计算域范围点坐标

点号	经度	纬度
A	121.900 4°E	30.887 1°N
B	123.714 1°E	30.924 1°N

续 表

点号	经度	纬度
C	121.875 7°E	29.045 1°N
D	123.867 9°E	28.928 5°N

(2) 计算时间步长和底床糙率

模型计算时间步长根据 CFL 条件进行动态调整,确保模型计算稳定进行,最小时间步长 0.1 s。底床糙率通过曼宁系数进行控制,曼宁系数 n 取 $32 \text{ m}^{1/3}/\text{s}$。

(3) 水平涡动黏滞系数

采用考虑亚尺度网格效应的 Smagorinsky 公式计算水平涡黏系数,表达式如下:

$$A = c_s^2 l^2 \sqrt{2S_{ij}S_{ij}} \tag{4.1-7}$$

式中:c_s 为常数;l 为特征混合长度,由 $S_{ij} = \frac{1}{2}\left(\frac{\partial u_i}{\partial x_j} + \frac{\partial u_j}{\partial x_i}\right)$,$(i,j=1,2)$ 计算得到。

3) 潮流模型验证

(1) 验证资料

本次模型验证中,潮流验证资料采用 2019 年春季周边海域的实测资料进行。本次调查分大、小潮进行水文泥沙调查,具体调查时间为:小潮 2019 年 3 月 16 日 12:00—17 日 13:00,大潮 2019 年 3 月 22 日 16:00—23 日 17:00,大、小潮均连续观测 26 h。潮流测点 DL01~DL06 和潮位站的地理位置及坐标见图 4.4-1。

(2) 潮位验证

图 4.4-2 分别给出了梁横山东侧潮位站的大、小潮期的潮位验证情况,包括大小潮期间的潮位历时变化。

由图 4.4-2 可以看出,工程海域的潮汐属于规则半日潮。根据《海岸与河口潮流泥沙模拟技术规程》,本次验证高低潮时间的潮位、相位偏差都在 0.5 h 以内,高、低潮位值偏差亦基本在 10 cm 以内,计算和实测潮位过程的高、低潮位及过程线均符合良好。说明数学模型模拟的舟山群岛及附近海域潮波运动与天然潮波运动基本相似,模型采用的边界控制条件及相关参数是合适的,地形概化正确,能够反映工程海域潮波传递和潮波变形。从总的对比结果来看,潮位的模拟结果符合工程的精度要求。

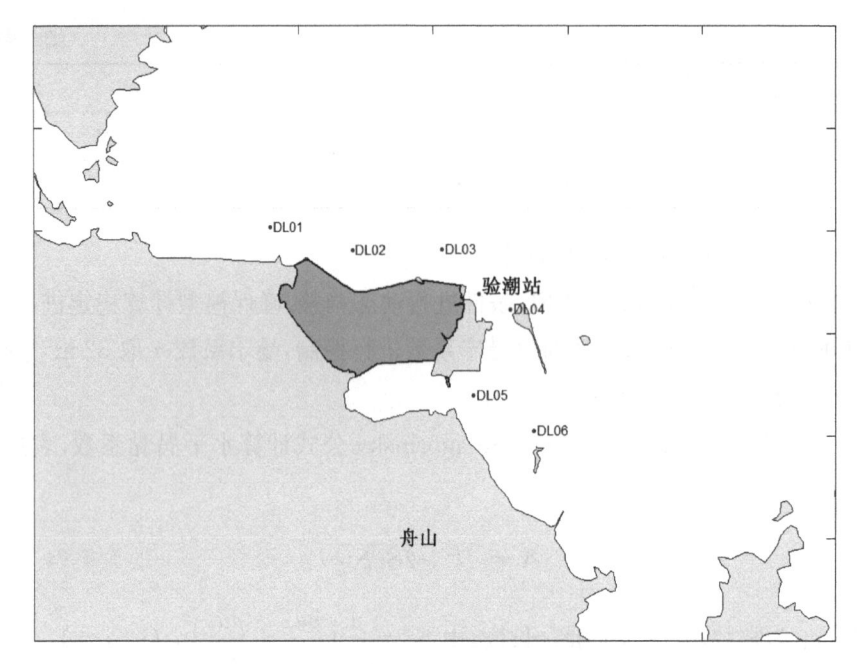

图 4.4-1　2019 年验潮站和测流点位置示意图

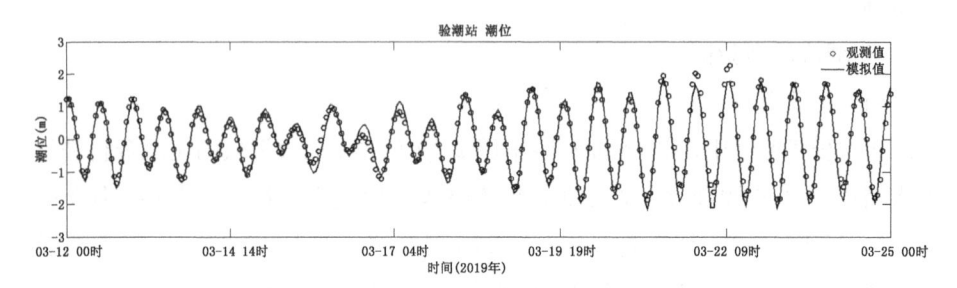

图 4.4-2　潮位站大、小潮期潮位验证曲线

(3) 流速、流向验证

图 4.4-3 和图 4.4-4 分别为 2019 年舟山钓梁附近海域内各测点在大潮期和小潮期流速和流向的计算和实测值对比情况。

由图 4.4-3 和图 4.4-4 可见,除 DL05 由于测站水深较小,在小潮期间部分测次存在干出情况,影响了实测数据以及数模验证结果,其余各验证点计算流速和实测资料吻合较好,最大误差小于 10%。验证结果符合《海岸与河口潮流泥沙模拟技术规程》要求,计算结果与实测憩流时间和最大流速出现的时间偏差小于 0.5 h,流速过程线的形态基本一致,涨、落潮段平均流速偏差小于 10%。表明所建二维数学模型能模拟工程海域水流传播过程和水流运动规律。

第 4 章　舟山市钓梁区块围填海项目生态评估与整治修复研究

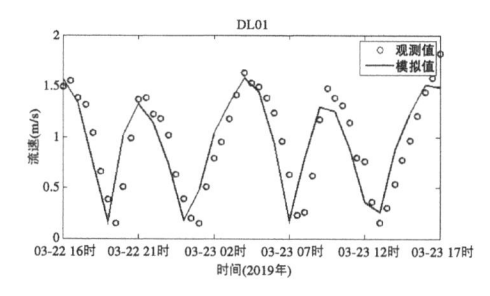

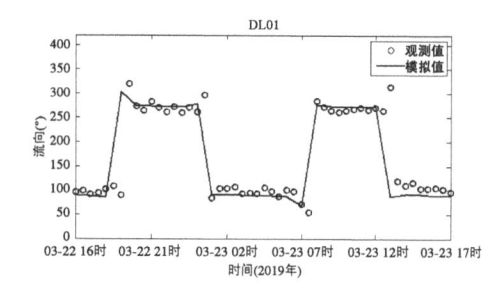

(a) DL01 测点大潮期间流速、流向

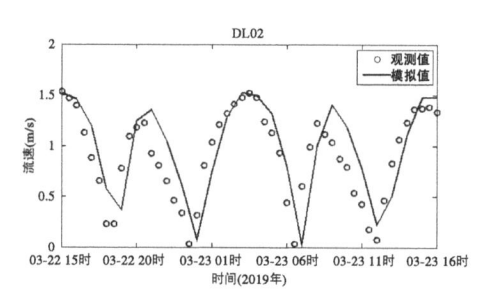

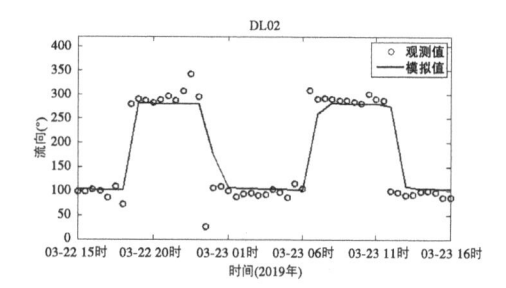

(b) DL02 测点大潮期间流速、流向

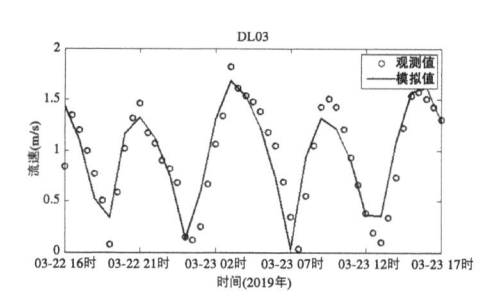

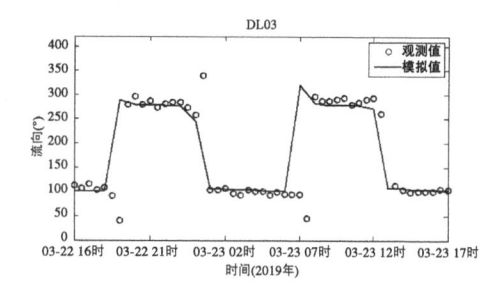

(c) DL03 测点大潮期间流速、流向

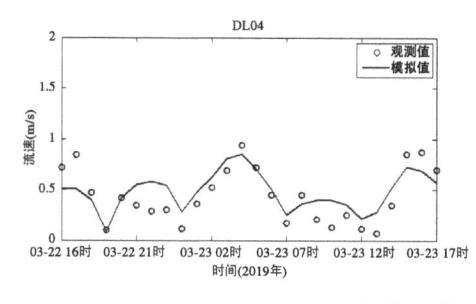

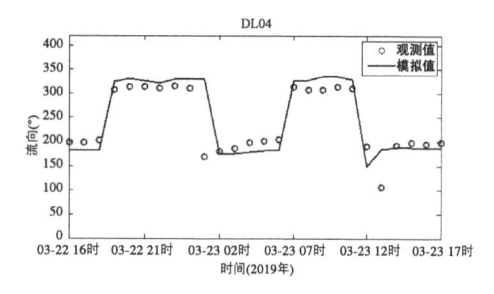

(d) DL04 测点大潮期间流速、流向

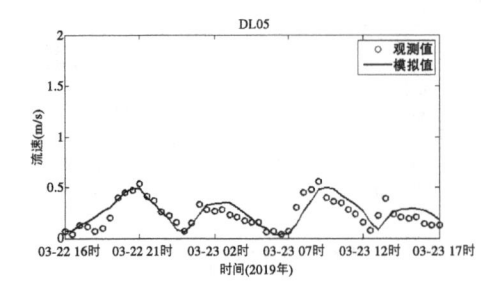

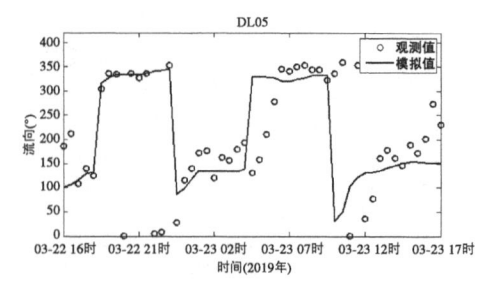

(e) DL05 测点大潮期间流速、流向

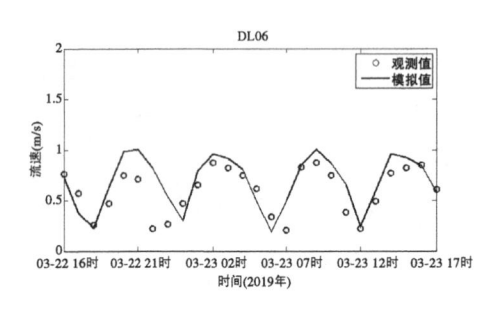

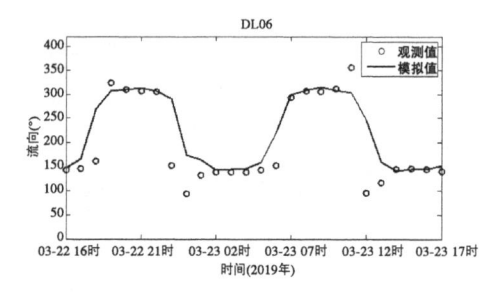

(f) DL06 测点大潮期间流速、流向

图 4.4-3　大潮期间 DL01~DL06 测点流速、流向对比

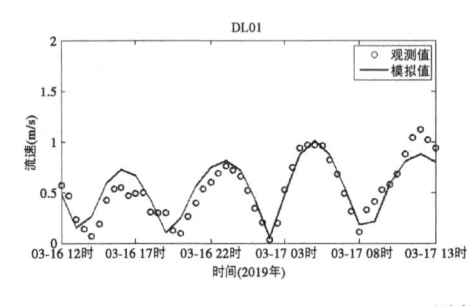

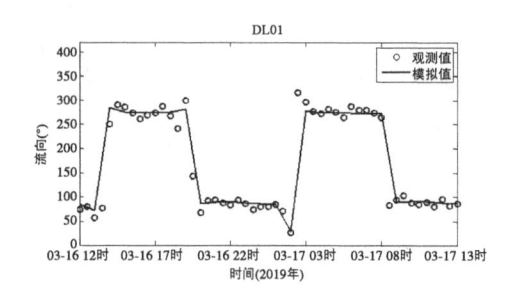

(a) DL01 测点小潮期间流速、流向

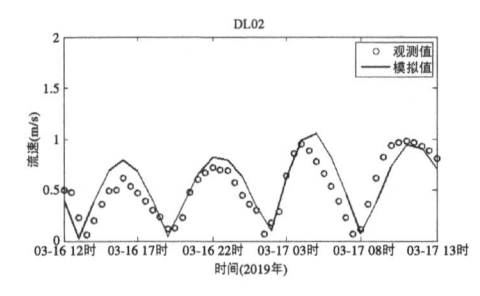

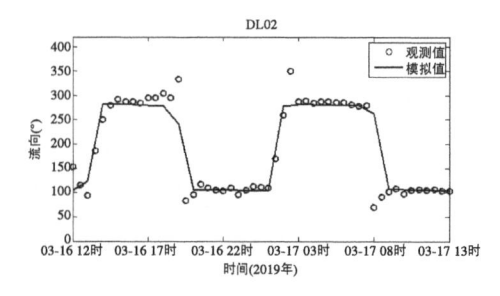

(b) DL02 测点小潮期间流速、流向

第 4 章　舟山市钓梁区块围填海项目生态评估与整治修复研究

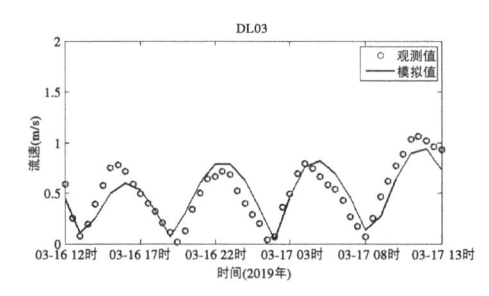

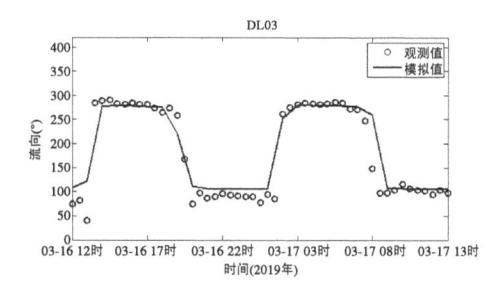

(c) DL03 测点小潮期间流速、流向

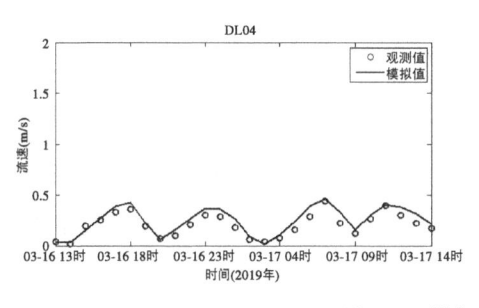

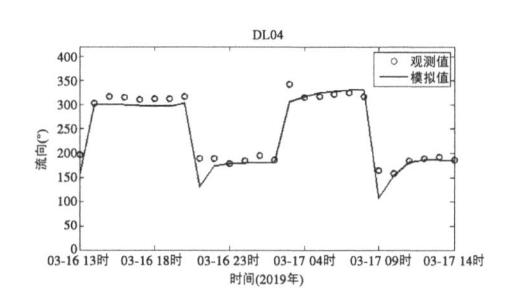

(d) DL04 测点小潮期间流速、流向

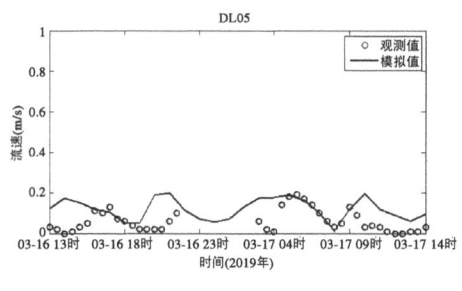

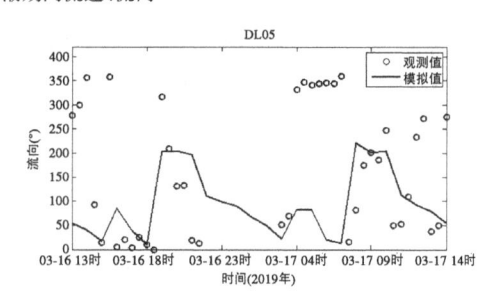

(e) DL05 测点小潮期间流速、流向

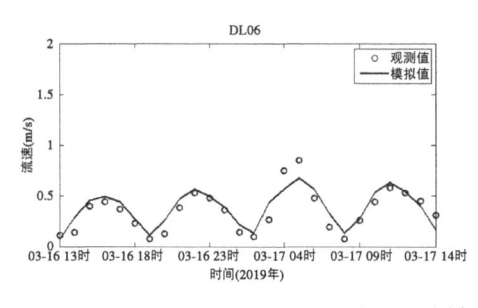

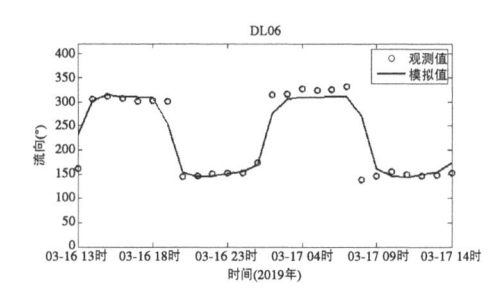

(f) DL06 测点小潮期间流速、流向

图 4.4-4　小潮期间 DL01～DL06 测点流速、流向对比

4) 项目实施前后的水动力分析

(1) 工程实施前

图 4.4-5～图 4.4-8 分别给出了项目实施前所在海域大潮涨急时刻、落急时刻海域流场及工程局部流场分布图。为清楚表示项目所在海域的潮流运动状态,报告给出了工程附近海域处于涨、落急时刻下工程海域的潮流场。

从图 4.4-5～图 4.4-8 中可以看出,计算中虽然采用了不同尺度的网格,但整个计算域内,流场变化合理,无突变。由图可知:

舟山群岛海域以前进波的形式,由东南向西北挺进,传至浙江近岸,受岛架堵截、岸壁阻碍和地形制约的作用,多沿水道或岸线走向传播。本围填海工程位于梁横山与舟山岛之间的区域,其西侧为秀山岛与舟山岛之间的灌门水道,其南侧为螺门渔港和螺门水道。

涨潮时:外海潮波从东南方向传入黄大洋后,绕梁横山两侧,一部分由螺门水道顺舟山岛北岸流动,另一部分沿梁横山北部向西流动,两股涨潮流在钓山以北海域汇合流向灌门水道。外海整体的涨急流方向为西北向,靠近舟山岛的工程海域涨潮流为顺岸西北向;而靠近梁横山的海域涨潮时,水体主要由梁横山北侧绕流进入,涨潮流向基本为西南向。

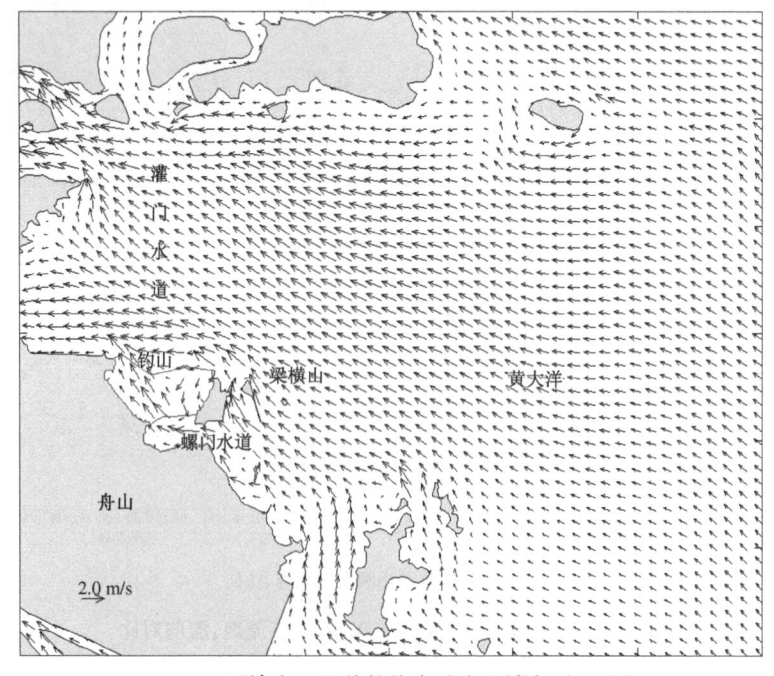

图 4.4-5 围填海工程前整体海域大潮涨急时刻流场图

第4章 舟山市钓梁区块围填海项目生态评估与整治修复研究

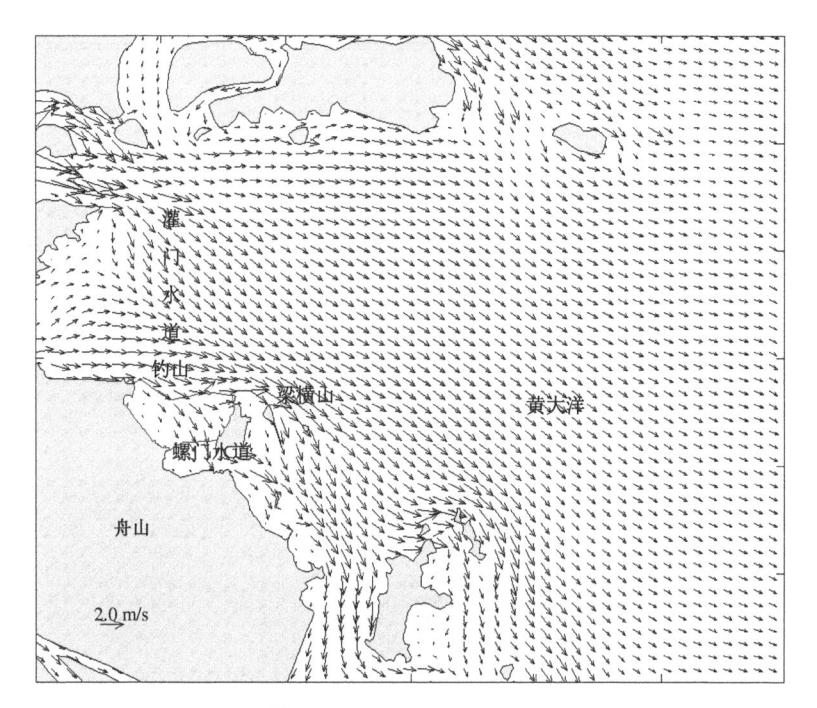

图 4.4-6　围填海工程前整体海域大潮落急时刻流场图

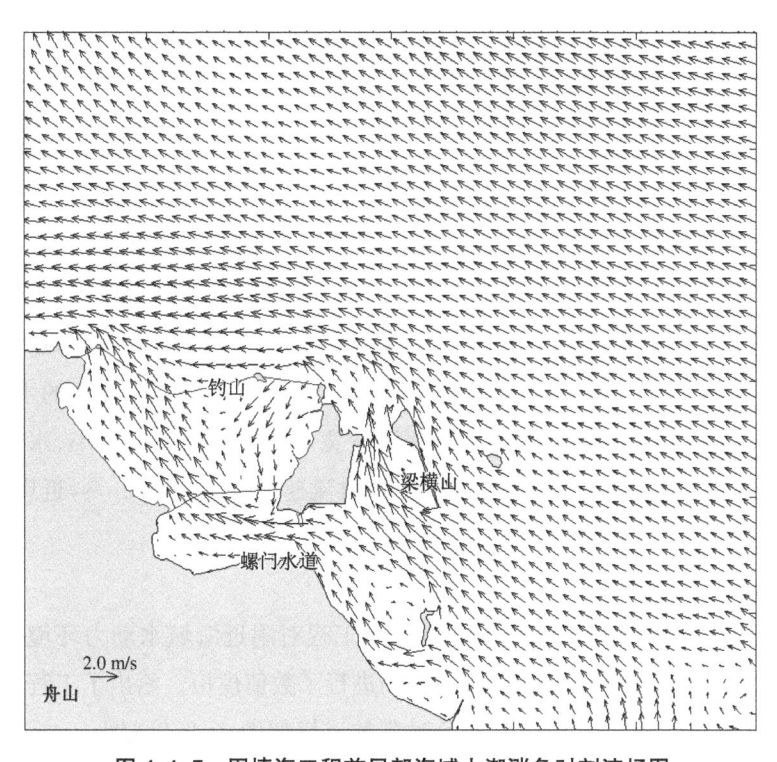

图 4.4-7　围填海工程前局部海域大潮涨急时刻流场图

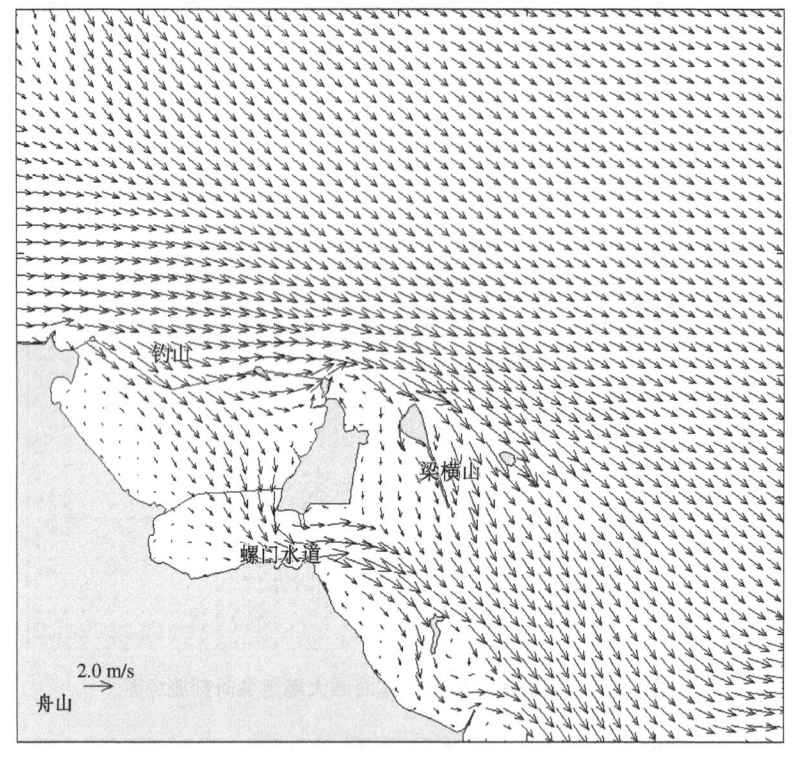

图 4.4-8 围填海工程前局部海域大潮落急时刻流场图

落潮时：舟山海域主要受杭州湾的落潮流影响，并在舟山群岛的地形制约下，从各个水道之间流向黄大洋，海域整体的落潮流方向为东南向；工程区主要受灌门水道落潮流影响，在钓山外侧受地形制约，落潮流发生偏转进入工程海域，并受梁横山阻隔一分为二，向南沿螺门水道流动，向北绕过梁横山岛。工程区域落潮流主方向为西南向，受岛体绕流影响，梁横山西侧流向变化较大。

螺门水道是工程区域涨落潮时的主通道，梁横山与舟山岛之间的水道口区域，流速最大、水深最深；而北侧水域逐渐变宽，流场耗散、流速减小、水深变浅；因而沿螺门水道的潮流流速最大，涨、落急时流速约 1.5~2.0 m/s，近岸滩涂及梁横山西侧流速稍小，在 1.0 m/s 以下。

（2）工程实施后

为了研究钓山至梁横山之间的围填海工程对附近海域水动力环境的影响，通过数值模拟，对围填海建成后的潮流场进行了数值模拟。给出了工程完成后，大潮时附近海域整体及局部涨、落急时刻的流场如图 4.4-9~图 4.4-12 所示。

由图可知：

本围填海工程将舟山岛、钓山与梁横山连为一体，造成螺门水道北部消失，螺门水道南侧形成半封闭小湾，原本流经螺门水道的水体将改道至梁横山东侧海域。其一方面使得工程南北两侧水域流速降低，尤其是工程南部新形成的半封闭小湾；另一方面造成梁横山东侧海域流速的增大；同时受工程阻隔，其工程南北两侧流向也发生改变。

工程后，涨潮时水体从黄大洋及舟山岛东南侧流向工程区域，受螺门水道消失影响，涨潮流主要沿梁横山东侧绕过梁横山后，顺工程北侧护岸向灌门水道流动，落潮时基本相反；涨、落急时梁横山东侧流速可达 2.0 m/s，而工程南部原灌门水道内流速较小，涨、落急时流速基本在 0.1 m/s 左右；由于螺门水道消失，工程北侧流向改变，工程后基本顺护岸方向流动。

本围填海工程主要影响螺门水道、工程南北侧以及梁横山周边海域的流场，对工程东侧的黄大洋及西北侧的灌门水道影响较小，工程附近海域的潮流场仍主要受灌门水道主流向影响。

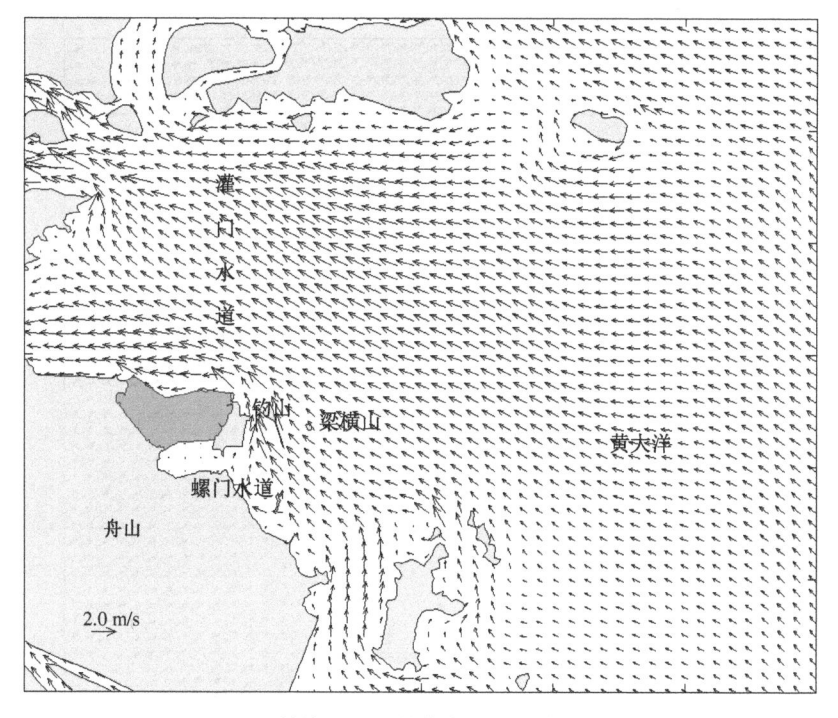

图 4.4-9　围填海工程后整体海域大潮涨急时刻流场图

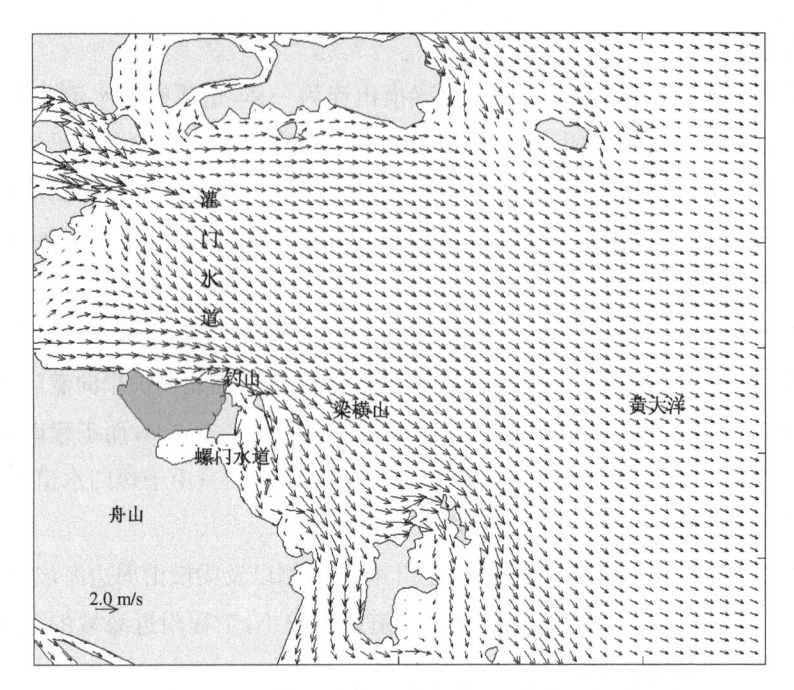

图 4.4-10　围填海工程后整体海域大潮落急时刻流场图

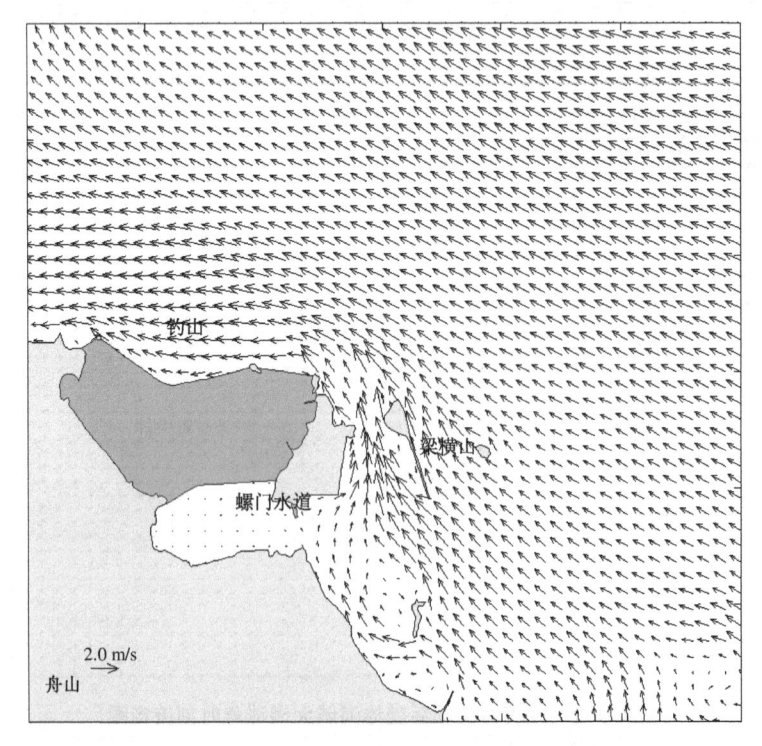

图 4.4-11　围填海工程后局部海域大潮涨急时刻流场图

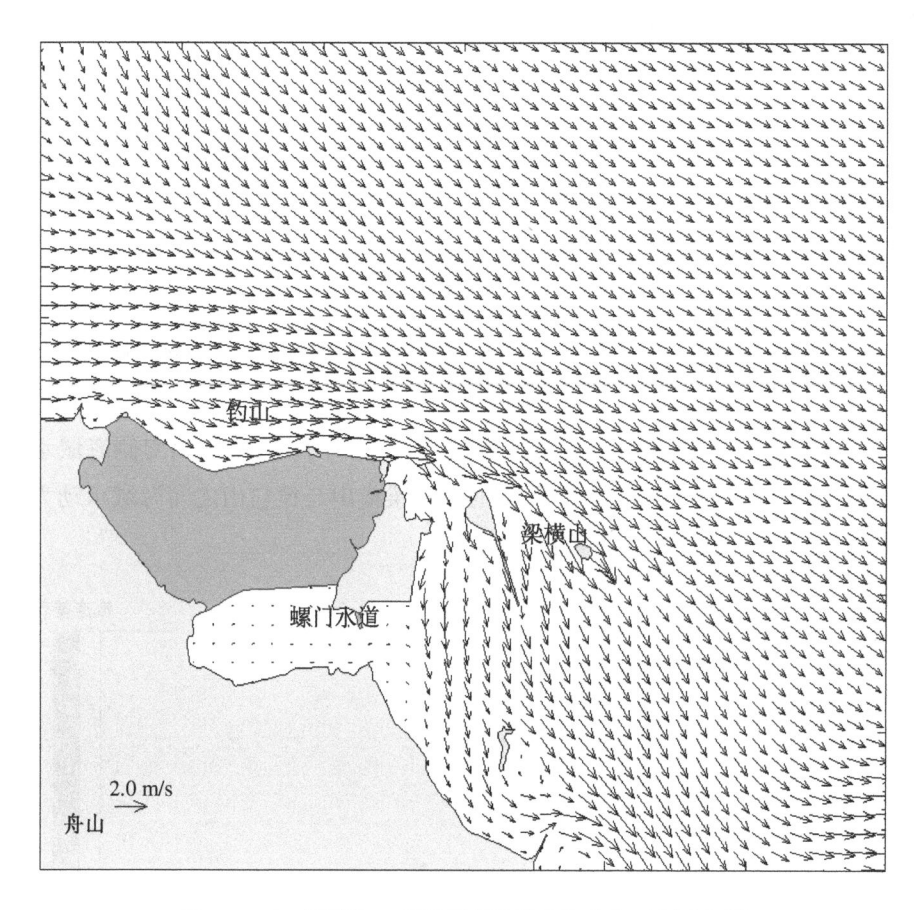

图 4.4-12　围填海工程后局部海域大潮落急时刻流场图

（3）工程前后的流速、流向变化分析

为定量对比分析钓梁围填海工程对附近潮流场影响的大小，图 4.4-13 和图 4.4-14 分别给出了围填海建成前后大潮涨急和落急时刻的流速变化（工程后—工程前）。

同时在工程周边附近海域共选取 71 个代表点进行分析，具体代表点的位置见图 4.4-15。通过计算各代表点在工程建设前后的流速和流向差结果，分析说明工程实施对附近海域潮流场流速及流向的影响。表 4.4-4 和表 4.4-5 给出了对比站位上钓梁围填海工程前后涨、落急时流速、流向的变化大小。从上述数值对比结果可以看出：

钓梁围填海工程后，流速主要减小区域为工程南侧的原螺门水道、工程西北侧近岸及梁横山南侧至骐骥山海域,尤其是南侧螺门水道海域的流速降低,其涨、落潮时的流速由工程前的 1.5~2.0 m/s 降至工程后的 0.1 m/s 左右;而梁横山南侧至骐骥山海域的流速减小值也有 0.5~1.0 m/s,工程西北侧近岸流速减小约 0.5 m/s;流速减小站位主要有 1~28 站,涨急时的流速减小程度大于落急时刻。

工程后,流速增大区域在梁横山东侧以及工程东北侧,梁横山至黄它山之间流速增大值约 0.5~1.0 m/s,骐骥山与舟山岛之间在落急时流速也略有增大;流速增大站位主要有 32~37 站、51~54 站,落急时的流速增大程度大于涨急时刻,流速改变明显站位的流向变化也较大。

总体来看,钓梁围填海工程实施后,造成原螺门水道、梁横山南侧海域水动力的降低,进而在该区域逐渐淤积;同时造成梁横山与黄它山之间海域水动力增强,使得两岛之间发生一定程度的冲刷。

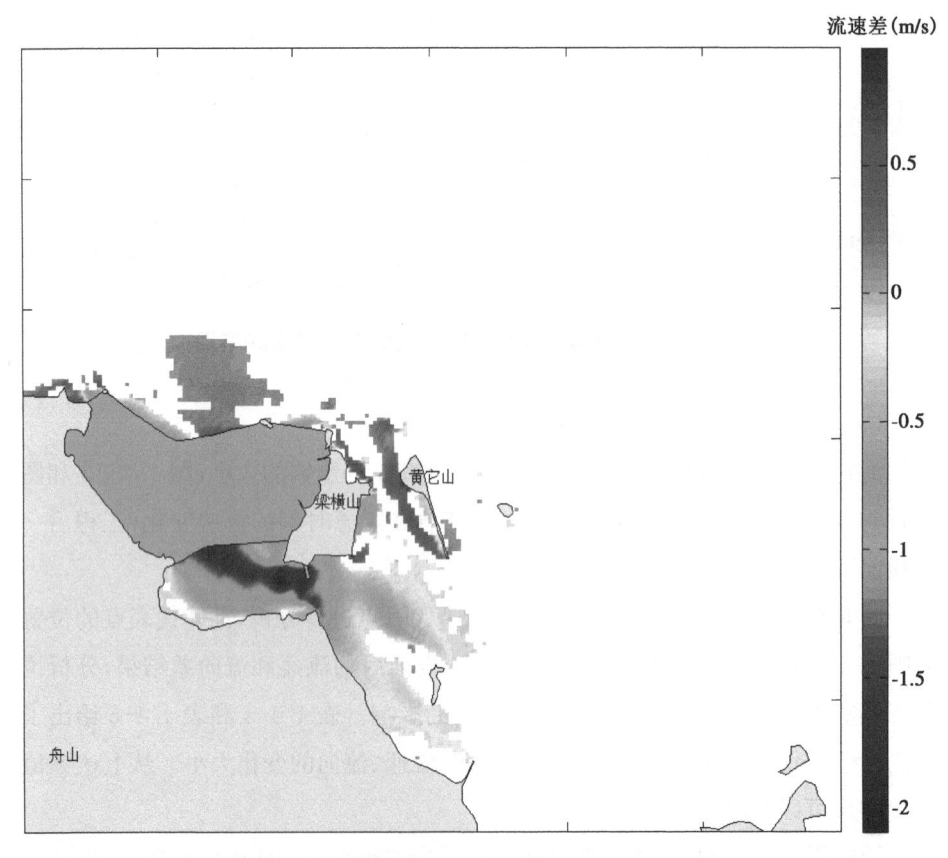

图 4.4-13　围填海工程前后近岸涨急时流速变化

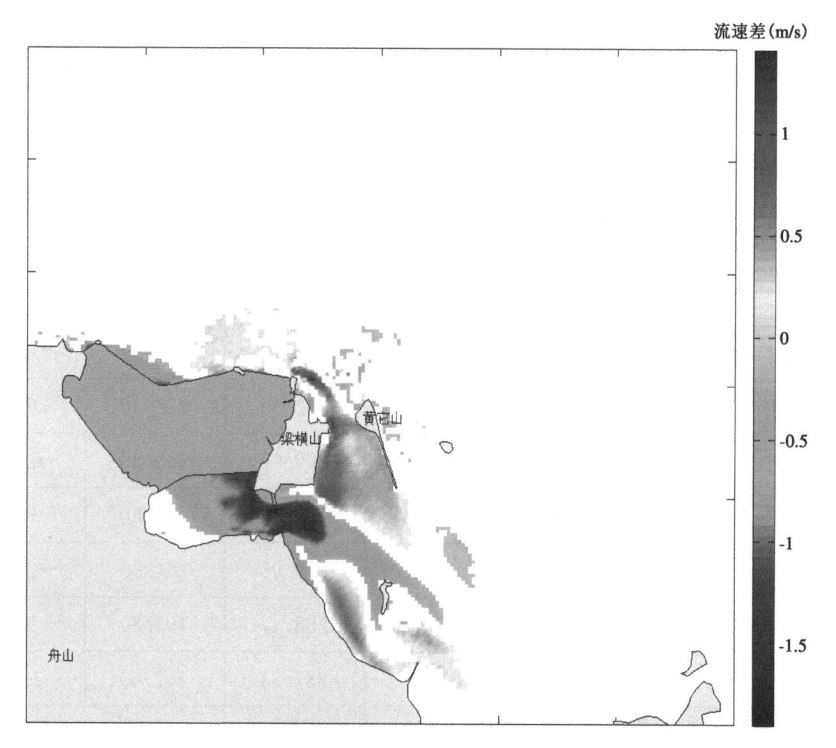

第 4 章　舟山市钓梁区块围填海项目生态评估与整治修复研究

图 4.4-14　围填海工程前后近岸落急时流速变化

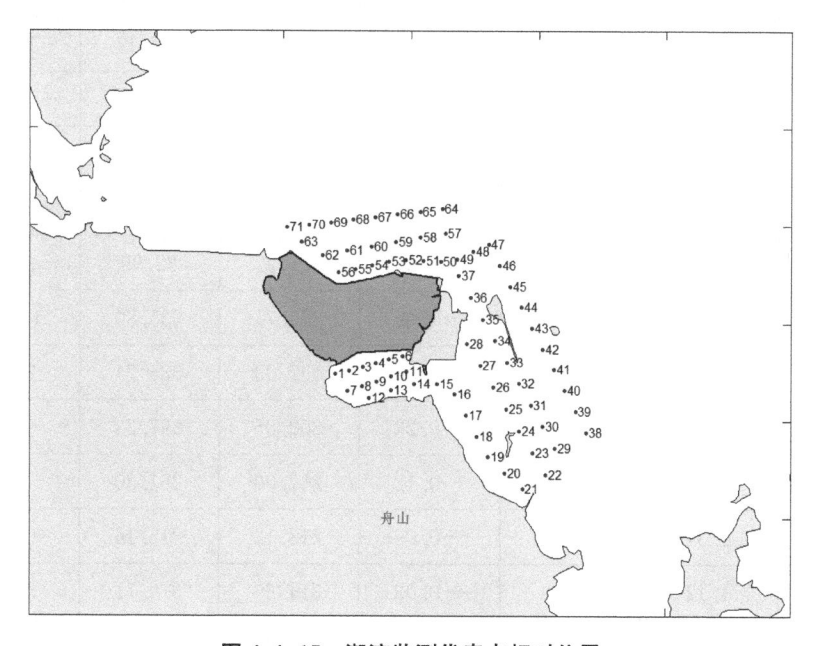

图 4.4-15　潮流监测代表点相对位置

表 4.4-4　钓梁围填海工程前后涨急时流速、流向变化

站位号	大潮涨急时流速、流向对比					
	工程前后流速对比(m/s)			工程前后流向对比(°)		
	工程前	工程后	流速差	工程前	工程后	流向差
1	0.30	0.01	−0.29	304.08	247.19	−56.89
2	1.01	0.02	−0.99	315.67	224.84	−90.84
3	1.51	0.03	−1.48	302.79	248.89	−53.90
4	1.75	0.03	−1.71	302.49	237.96	−64.53
5	1.04	0.05	−0.99	299.07	305.36	6.29
6	0.79	0.05	−0.74	188.23	88.90	−99.33
7	0.31	0.01	−0.30	279.95	254.80	−25.15
8	0.94	0.02	−0.92	288.47	192.86	−95.61
9	1.02	0.05	−0.98	287.74	167.60	−120.14
10	1.40	0.04	−1.36	286.61	231.43	−55.18
11	2.03	0.18	−1.84	277.79	298.81	21.03
12	0.38	0.02	−0.36	279.14	137.17	−141.97
13	0.88	0.08	−0.80	270.59	103.74	−166.86
14	1.15	0.08	−1.07	273.64	275.27	1.63
15	1.24	0.28	−0.96	292.77	235.83	−56.94
16	0.88	0.54	−0.33	307.27	82.99	−224.29
17	0.70	0.61	−0.09	322.77	335.80	13.02
18	1.06	0.84	−0.22	332.33	335.24	2.91
19	1.31	1.09	−0.22	302.05	297.23	−4.82
20	0.83	0.71	−0.12	267.00	261.80	−5.21
21	0.34	0.28	−0.06	218.12	218.16	0.04
22	1.12	1.09	−0.03	314.69	319.71	5.02
23	1.04	1.00	−0.04	312.20	317.91	5.71

续 表

站位号	大潮涨急时流速、流向对比					
	工程前后流速对比(m/s)			工程前后流向对比(°)		
	工程前	工程后	流速差	工程前	工程后	流向差
24	1.43	1.30	−0.12	339.71	344.08	4.37
25	1.50	1.24	−0.27	308.08	315.09	7.00
26	1.57	1.31	−0.26	313.30	327.18	13.88
27	1.67	1.61	−0.06	331.03	332.86	1.83
28	1.81	1.48	−0.33	113.95	13.48	−100.47
29	1.15	1.08	−0.07	308.96	314.67	5.71
30	1.16	1.08	−0.07	314.39	320.84	6.45
31	1.37	1.28	−0.08	313.15	321.58	8.43
32	1.57	1.48	−0.08	306.63	317.10	10.47
33	1.93	1.92	−0.02	306.44	319.95	13.51
34	0.88	1.42	0.53	317.64	332.28	14.63
35	1.13	1.45	0.32	310.54	341.56	31.02
36	0.83	0.83	0	339.13	337.77	−1.36
37	0.83	0.92	0.08	320.73	322.03	1.30
38	1.05	0.97	−0.08	304.64	309.53	4.89
39	1.09	1.02	−0.06	306.65	312.54	5.89
40	1.12	1.08	−0.05	307.61	314.76	7.15
41	1.08	1.04	−0.04	306.08	313.54	7.46
42	0.98	1.00	0.02	308.31	314.15	5.84
43	1.00	1.06	0.05	324.62	326.51	1.89
44	0.98	1.02	0.04	325.12	326.21	1.09
45	1.21	1.23	0.02	320.83	321.57	0.74
46	1.43	1.41	−0.02	307.04	308.90	1.86

续 表

站位号	大潮涨急时流速、流向对比					
	工程前后流速对比(m/s)			工程前后流向对比(°)		
	工程前	工程后	流速差	工程前	工程后	流向差
47	1.36	1.32	−0.04	297.44	299.72	2.28
48	1.41	1.38	−0.03	299.18	301.34	2.16
49	1.33	1.35	0.01	295.80	299.98	4.18
50	1.08	1.23	0.15	291.73	297.14	5.41
51	1.11	1.17	0.06	267.06	269.97	2.91
52	1.03	1.14	0.11	263.77	266.07	2.29
53	1.16	1.27	0.12	265.73	267.31	1.57
54	1.10	1.25	0.14	267.49	266.32	−1.17
55	0.88	1.05	0.17	279.98	270.42	−9.56
56	0.86	0.78	−0.09	308.51	284.52	−23.98
57	1.43	1.42	−0.01	287.23	288.68	1.45
58	1.36	1.38	0.02	282.20	283.35	1.14
59	1.49	1.58	0.09	276.06	276.15	0.09
60	1.39	1.54	0.15	275.20	273.94	−1.26
61	1.28	1.39	0.11	281.45	276.68	−4.77
62	1.35	1.44	0.08	301.98	291.78	−10.21
63	1.27	1.30	0.03	294.24	288.08	−6.15
64	1.36	1.35	−0.02	292.92	293.41	0.49
65	1.54	1.52	−0.01	288.49	287.99	−0.50
66	1.62	1.66	0.04	283.64	282.85	−0.80
67	1.57	1.65	0.08	279.84	278.15	−1.69
68	1.53	1.63	0.10	277.73	275.23	−2.50
69	1.46	1.55	0.09	278.32	274.95	−3.37

续 表

站位号	大潮涨急时流速、流向对比					
	工程前后流速对比(m/s)			工程前后流向对比(°)		
	工程前	工程后	流速差	工程前	工程后	流向差
70	1.42	1.39	−0.03	285.15	280.59	−4.56
71	1.47	1.43	−0.03	281.13	277.36	−3.77

注：流向为与 N 方向的夹角。

表 4.4-5　钓梁围填海工程前后落急时流速、流向变化

站位号	大潮落急时流速、流向对比					
	工程前后流速对比(m/s)			工程前后流向对比(°)		
	工程前	工程后	流速差	工程前	工程后	流向差
1	0.13	0.05	−0.08	36.22	41.11	4.89
2	0.30	0.08	−0.21	118.07	64.20	−53.88
3	0.58	0.08	−0.50	130.69	79.77	−50.92
4	0.78	0.08	−0.71	141.96	93.07	−48.89
5	0.99	0.06	−0.93	148.51	103.56	−44.95
6	1.26	0.06	−1.20	174.43	129.56	−44.88
7	0.08	0.05	−0.03	256.25	68.17	−188.08
8	0.34	0.10	−0.24	124.05	66.25	−57.81
9	0.64	0.08	−0.56	125.70	91.55	−34.15
10	1.11	0.09	−1.02	138.40	124.07	−14.33
11	1.61	0.12	−1.49	138.55	139.45	0.90
12	0.15	0.09	−0.06	132.89	71.01	−61.88
13	0.99	0.14	−0.85	106.73	98.21	−8.53
14	1.12	0.10	−1.02	103.48	104.35	0.87
15	1.70	0.20	−1.51	92.00	91.80	−0.20
16	1.94	0.33	−1.61	109.36	133.35	23.99

续 表

站位号	大潮落急时流速、流向对比					
	工程前后流速对比(m/s)			工程前后流向对比(°)		
	工程前	工程后	流速差	工程前	工程后	流向差
17	0.92	0.73	−0.19	126.55	166.62	40.07
18	0.48	0.86	0.38	146.37	164.67	18.30
19	0.63	1.01	0.38	160.32	154.18	−6.14
20	1.08	1.03	−0.05	146.97	131.52	−15.45
21	0.85	0.89	0.04	93.56	87.86	−5.70
22	0.86	1.19	0.33	119.83	115.46	−4.37
23	0.95	0.94	−0.01	155.66	152.43	−3.23
24	1.56	1.17	−0.39	124.55	131.01	6.46
25	1.17	0.92	−0.25	134.27	149.99	15.72
26	1.01	1.12	0.11	142.24	164.88	22.64
27	0.70	1.24	0.54	160.11	176.57	16.46
28	0.63	1.31	0.69	185.23	190.38	5.15
29	1.63	1.57	−0.07	141.03	140.31	−0.72
30	1.40	1.35	−0.04	139.19	142.81	3.62
31	1.23	1.30	0.07	141.11	148.93	7.82
32	1.12	1.42	0.30	149.01	157.54	8.54
33	0.89	1.29	0.40	158.38	162.64	4.26
34	0.54	0.87	0.33	156.37	157.69	1.32
35	0.69	1.12	0.43	154.01	151.99	−2.01
36	0.32	0.75	0.43	206.35	153.23	−53.12
37	1.31	1.70	0.38	118.07	133.70	15.63
38	1.39	1.32	−0.07	147.10	148.87	1.76
39	1.37	1.27	−0.10	145.19	147.71	2.52

续 表

站位号	大潮落急时流速、流向对比					
	工程前后流速对比(m/s)			工程前后流向对比(°)		
	工程前	工程后	流速差	工程前	工程后	流向差
40	1.32	1.24	−0.08	146.53	149.86	3.33
41	1.18	1.13	−0.05	147.93	151.45	3.52
42	1.11	1.09	−0.02	150.35	152.60	2.25
43	1.32	1.28	−0.04	148.06	148.94	0.87
44	1.46	1.44	−0.02	148.60	149.71	1.11
45	2.00	2.05	0.05	128.19	126.70	−1.49
46	1.82	1.75	−0.07	121.64	121.07	−0.57
47	1.63	1.54	−0.09	114.06	115.20	1.15
48	1.62	1.56	−0.07	112.10	114.85	2.76
49	1.76	1.76	0	108.82	115.98	7.16
50	1.64	1.94	0.30	102.59	108.87	6.28
51	1.54	1.71	0.17	95.33	98.27	2.94
52	1.35	1.51	0.15	88.76	89.16	0.40
53	1.52	1.70	0.18	88.09	84.95	−3.14
54	1.52	1.70	0.18	95.54	89.44	−6.10
55	1.38	1.43	0.04	106.07	94.15	−11.92
56	1.34	1.01	−0.33	119.69	106.48	−13.21
57	1.53	1.55	0.02	105.91	109.59	3.69
58	1.37	1.44	0.08	106.66	108.13	1.47
59	1.75	1.90	0.15	103.74	102.97	−0.77
60	1.62	1.72	0.10	101.52	98.54	−2.98
61	1.49	1.52	0.03	106.45	102.28	−4.17
62	1.53	1.43	−0.10	118.35	116.34	−2.01

续表

站位号	大潮落急时流速、流向对比					
	工程前后流速对比(m/s)			工程前后流向对比(°)		
	工程前	工程后	流速差	工程前	工程后	流向差
63	1.38	1.32	−0.06	108.99	107.43	−1.55
64	1.30	1.32	0.02	119.32	119.92	0.60
65	1.43	1.49	0.06	116.80	117.28	0.48
66	1.52	1.60	0.08	111.73	111.61	−0.12
67	1.56	1.62	0.07	107.15	106.13	−1.02
68	1.57	1.63	0.05	103.84	102.05	−1.79
69	1.51	1.56	0.04	101.74	99.74	−2.00
70	1.29	1.35	0.06	101.08	99.37	−1.71
71	1.45	1.49	0.04	99.05	97.19	−1.86

注：流向为与N方向的夹角。

4.4.1.3 小结

(1) 工程前、中、后实测水文分析，岱山站潮差以及涨落潮历时变化不大，与2007年夏季相比，2011年夏季岱山潮位站最大潮差增加0.25 m，最小潮差增加0.59 m，差异不大；平均潮差增加0.4 m，约为22%；与2007年夏季相比，2017年春季岱山潮位站最大潮差增加0.45 m，最小潮差减少0.08 m，差异不大；平均潮差增加0.39 m，约为21%。与2007年夏季相比，2011年夏季岱山站平均涨潮历时减小5 min，平均落潮历时增加7 min；与2007年夏季相比，2017年春季岱山站平均涨潮历时增加5 min，平均落潮历时减少3 min，工程前、中、后落潮历时长于涨潮历时。

(2) 本围填海工程将舟山岛、钓山与梁横山连为一体，造成原螺门水道北部消失，螺门水道南侧形成半封闭小湾，原本流经螺门水道的水体将改道至梁横山东侧海域。流速主要减小区域为工程南侧的原螺门水道、工程西北侧近岸及梁横山南侧至骐骥山海域，流速增大区域在梁横山东侧及工程东北侧，骐骥山与舟山岛之间在落急时流速也略有增大。总体来看，钓梁围填海工程实施后，造成原螺门水道、梁横山南侧海域水动力的降低；同时造成梁横山与黄它山之间海域水动力增强,使得两岛之间发生一定程度的冲刷。

4.4.2 地形地貌与冲淤环境影响评估

4.4.2.1 围填海工程实施前后海域冲淤情况实测分析

本项目所处海域位于梁横山至钓山之间的脊状浅滩上,滩涂高程一般在 0.1～4.3 m 之间(当地理论深度基准面)。整个用海区滩涂南北坡度变化较大,乌龟山—牛头山一线以南,坡度约为 1‰～3‰;乌龟山—牛头山一线以北,坡度约为 7‰～10‰。

工程附近海域 1928—1962 年间,螺门水道深槽内冲刷明显,螺门水道北侧开阔海域及近岸略有淤积。1962 年之后,整体来看,舟山岛与梁横山之间海域仍为槽冲滩淤趋势。

工程实施后分别于 2012 年和 2019 年在附近海域进行了水深测量;工程实施前的水深则采用 2002 年海图水深,2002 年、2012 年、2019 年工程附近海域等深线见图 4.4-16～图 4.4-18。工程实施前后 2002—2012 年的冲淤变化,见图 4.4-19;工程实施前后 2012—2019 年的冲淤变化,见图 4.4-20。

围填海工程所处的螺门水道海域,工程前底高程(1985 国家高程,下同)在 −30～−5 m 左右;最大水深出现在梁横山南侧的水道口处,该处水深变化范围较大;螺门水道北侧水域开阔,地形较为平缓,底高程在 −5 m 左右。梁横山东侧和北侧为一潮流深槽,深槽内底高程最深在 −40 m 左右。

2012 年南堤完成合龙,此时南堤外侧湾内已淤积严重,平均底高程均在 −5.0 m 以内,螺门水道口处最大底高程仅剩 −10.0 m,梁横山东南侧的等深线明显向外海推移。

2019 年最新水深地形图显示,在 2012—2019 年围填海工程完成后 7 年,南侧湾内继续发生淤积,现状下底高程均在 −1.0 m 以下,螺门水道口处最大底高程仅剩 −3.0 m,梁横山东南侧的等深线明显向外海推移。

从水深对比图(图 4.4-16～图 4.4-18)可知,2012 年时水道深槽隐约可见,2002—2012 年原螺门水道逐渐淤积,南堤外侧湾内整体的淤积厚度为 3～8 m 左右,原螺门水道深槽区域局部淤积量可达 30 m,北堤外侧局部区域发生淤积,淤积厚度在 1～3 m 左右。2019 年时螺门水道消失,南堤外侧淤积成落潮出露的滩涂,梁横山南侧外海也淤积严重。2012—2019 年,南堤外侧小湾内整体淤积厚度在 3~6 m 左右,原螺门水道深槽区域局部淤积量可达 11 m;而梁横山北侧及其与黄它山之间海域则明显冲刷,潮流深槽逐渐沿南北延伸,−30 m 等深线向岛靠近,整体冲刷量在 5~10 m;围填海工程的东北侧及钓山西北侧略有冲刷,整体冲刷量约 2~3 m。

2002—2019 年,工程的实施导致南侧原螺门水道消失,整体淤积厚度为 10~15 m,局部淤积接近 40 m;梁横山东北侧潮流深槽冲刷;围填海工程北岸中部淤积,而两侧冲刷。

根据上述实测水深,并结合前述分析结论,工程前附近地貌演变主要是槽冲滩淤,年冲淤量较大,工程附近螺门水道、灌门水道及潮流深槽的整体有较大变化;工程实施后附近的地貌演变主要是螺门水道不断淤涨、消失,梁横山与黄它山之间及梁横山北侧潮流深槽不断冲刷、延伸,主要影响区域为围填海工程及梁横山周边 3~5 km 区域,对北侧舟山岛与秀山岛之间的灌门水道、南侧普陀山岛海域、东侧黄大洋外侧的影响较小。

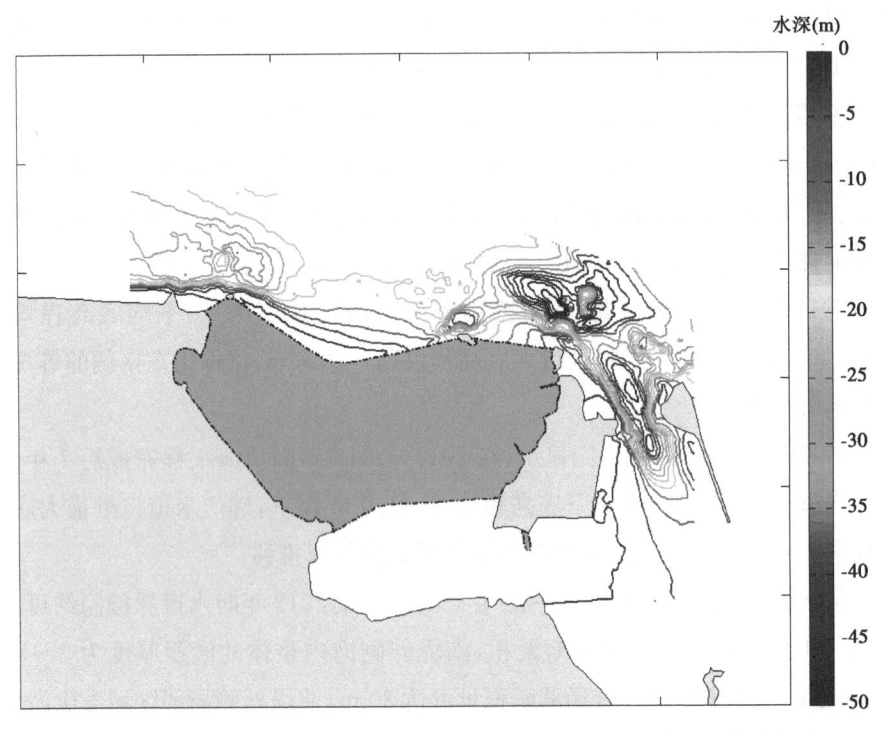

图 4.4-16　围填海工程后附近 2019 年实测地形等深线分布(1985 国家高程)

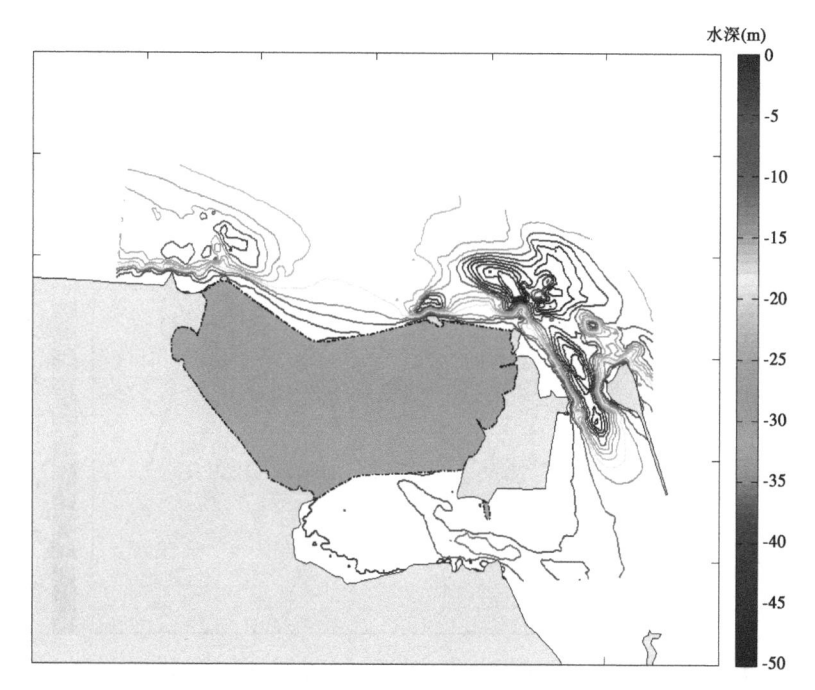

第4章　舟山市钓梁区块围填海项目生态评估与整治修复研究

图 4.4-17　围填海工程后附近 2012 年实测地形等深线分布（1985 国家高程）

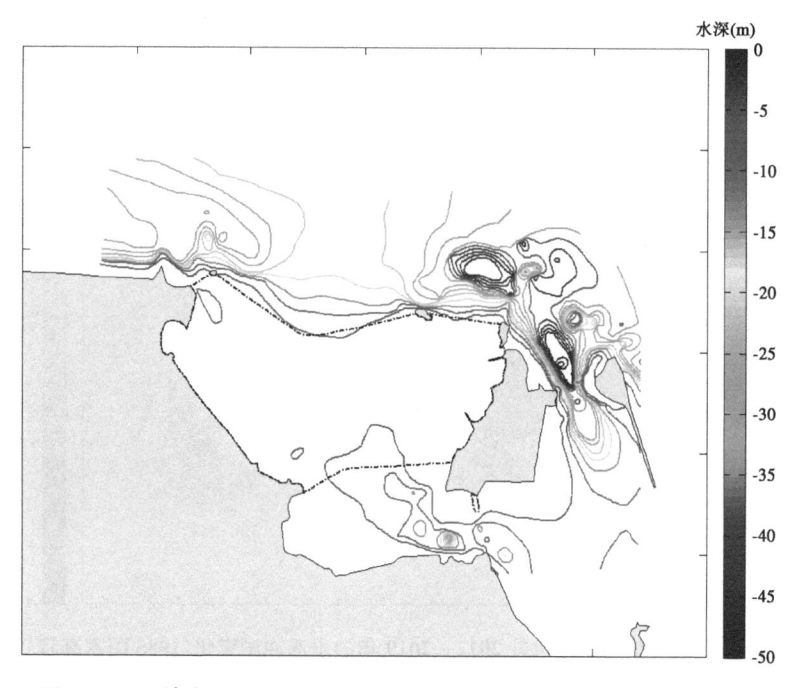

图 4.4-18　填海工程附近 2002 年海图水深等深线分布（1985 国家高程）

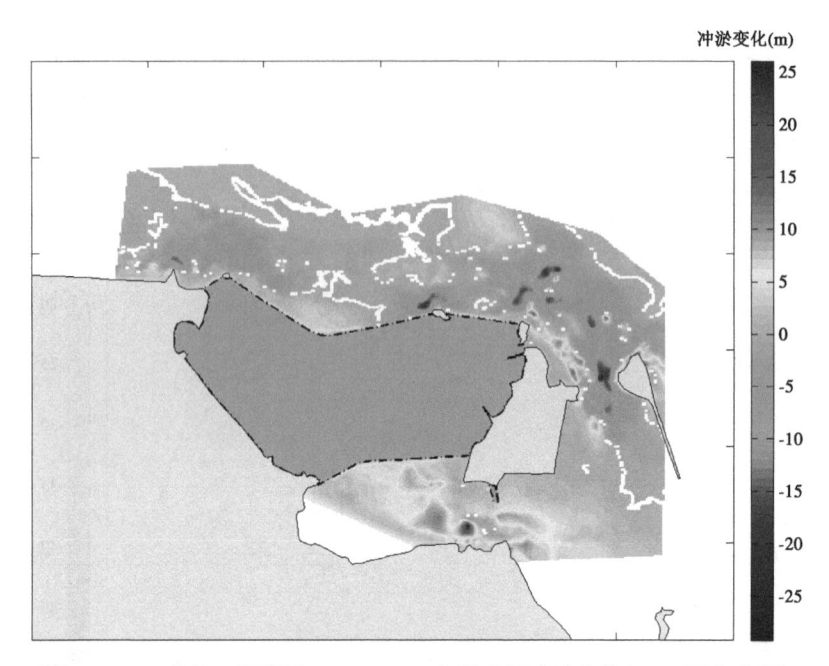

图 4.4-19　填海工程附近 2002—2012 年的水深冲淤变化（1985 国家高程）

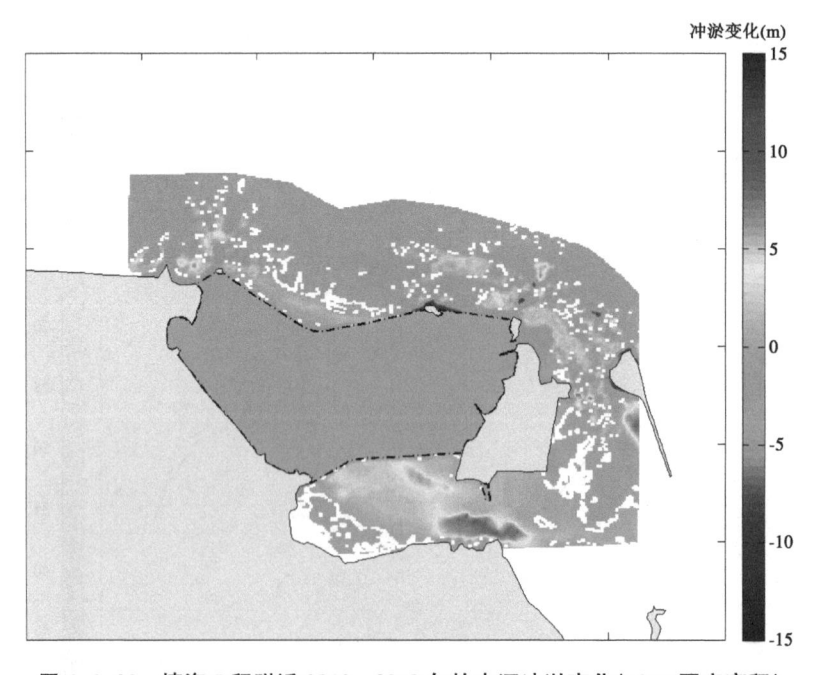

图 4.4-20　填海工程附近 2012—2019 年的水深冲淤变化（1985 国家高程）

4.4.2.2 泥沙模型建立

泥沙输移数值计算由四部分组成,由波浪模块提供波浪辐射应力及波要素,水动力由二维潮流模型提供,泥沙沉降和悬浮过程在泥沙输移模块中实现,基于泥沙输移模块中的输沙量,由床面变形方程得到水下地貌演化过程。计算流程如图 4.4-21 所示。

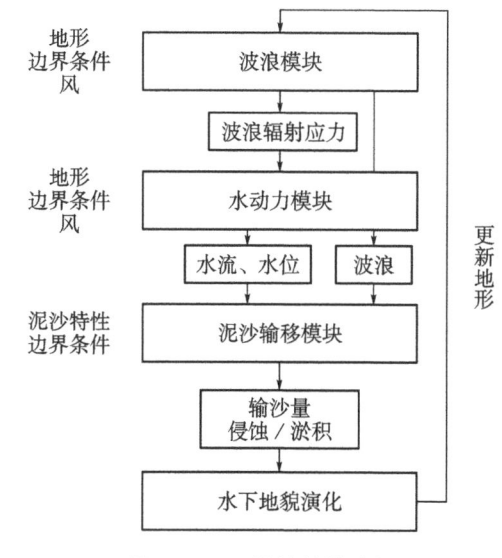

图 4.4-21 泥沙计算流程

1. 控制方程

悬沙扩散方程：

$$\frac{\partial \bar{c}}{\partial t} + u\frac{\partial \bar{c}}{\partial x} + v\frac{\partial \bar{c}}{\partial y} = \frac{1}{h}\frac{\partial}{\partial x}\left(hD_x\frac{\partial \bar{c}}{\partial x}\right) + \frac{1}{h}\frac{\partial}{\partial y}\left(hD_y\frac{\partial \bar{c}}{\partial y}\right) + Q_L C_L \frac{1}{h} - S \tag{4.4-1}$$

式中：$\bar{c}$ 为垂线平均含沙量(kg/m^3)；D_x 和 D_y 为泥沙扩散系数(m^2/s)；S 为床沙侵蚀或淤积速率[$kg/(m^3 \cdot s)$]；Q_L 为泥沙输入源强[$m^3/(m^2 \cdot s)$]；C_L 为泥沙输入源强中的含沙量(kg/m^3)。

2. 床面淤积速率

就黏性泥沙而言,床面淤积速率基于 Krone 公式计算：

$$S_D = W_s C_b p_d \tag{4.4-2}$$

式中：W_s 为泥沙沉速(m/s)；C_b 为近底含沙量(kg/m^3)；p_d 为床沙淤积概率,认为与水流有效切应力呈正相关关系,即满足

$$p_d = 1 - \frac{\tau_b}{\tau_{cd}}, \; \tau_b \leqslant \tau_{cd} \tag{4.4-3}$$

式中：τ_b 和 τ_{cd} 分别为水流底部切应力和床沙临界淤积切应力。

对于非黏性泥沙而言,床沙淤积速率基于下式表达：

$$S_d = -w_s\left(\frac{\bar{c}_e - \bar{c}}{h_s}\right), \; \bar{c}_e < \bar{c} \tag{4.4-4}$$

3. 床面侵蚀速率

就黏性泥沙而言,考虑床沙固结程度的床面侵蚀速率基于由 Mehta 等提出的公式估算,对于固结黏性床沙有

$$S_E = E\left(\frac{\tau_b}{\tau_{ce}} - 1\right)^n, \ \tau_b > \tau_{ce} \tag{4.4-5}$$

式中:E 为经验系数[kg/(m² · s)];τ_{ce} 为床沙临界侵蚀切应力;n 为经验常数。对于未固结黏性床沙侵蚀速率有

$$S_E = E\exp[\alpha(\tau_b - \tau_{ce})^{0.5}], \ \tau_b > \tau_{ce} \tag{4.4-6}$$

式中:α 为经验系数$(m/N^{0.5})$。

非黏性床沙侵蚀速率基于下式表达:

$$S_e = -w_s\left(\frac{\bar{c}_e - \bar{c}}{h_s}\right), \ \bar{c}_e > \bar{c} \tag{4.4-7}$$

4. 床面变形

床面变形基于下式计算:

$$Bat^{(n+1)} = Bat^{(n)} + netsed^{(n)} \tag{4.4-8}$$

$$netsed^{(n)} = \sum_{i=1}^{m}(D^{i(n)} - E^{i(n)})\Delta t \tag{4.4-9}$$

4.4.2.3 泥沙模型设置及率定

1. 模型计算范围

泥沙数值模型的计算在前期验证后的潮流模型的基础上进行,其计算范围及计算网格的设置均与潮流模型一致。

2. 边界设置

外海(东、西)边界含沙量由大范围模型生成,大范围模型与水动力计算模型一致。

计算域初始时刻的悬沙浓度场初值基于窦国仁提出的挟沙力公式:

$$S_{c*} = \alpha\frac{\gamma\gamma_s}{\gamma_s - \gamma}\frac{u^3}{C^2 h\omega_s} \tag{4.4-10}$$

式中:γ 和 γ_s 分别为水流和泥沙容重,分别取值 $1\,000\ kg/m^3$ 和 $2\,650\ kg/m^3$;C 为

谢才系数；u 为水流流速；h 为水深；α 为率定系数，在本次数值模型中取值 0.025；ω_s 为泥沙沉速。

3. 糙率系数

基于 Nikuradse 糙率系数和垂线平均流速推求水流底部剪切应力，对于沙质海岸取 2.5 倍的中值粒径，而对于淤泥质海岸，除了要考虑沙粒阻力，还需要考虑沙波阻力，一般取值为 0.001 m。

4. 悬沙临界淤积切应力

黏性泥沙模型的淤积模式基于 Krone 提出的理论，模型的基本假定为：泥沙颗粒沉降到底部时会以一定的概率沉积下来，其沉积概率在 0～1 之间变化。单位时间内沉积在单位面积上的泥沙质量可由下式计算：

$$S_D = CW_s\left(1 - \frac{\tau_b}{\tau_{cd}}\right), \quad \tau_b \leqslant \tau_{cd} \tag{4.4-11}$$

式中：C 为近底含沙量；W_s 为泥沙沉速；τ_{cd} 为床沙临界侵蚀切应力，一般取值为 $0.05\sim0.1\ \mathrm{N/m^2}$。本次数值模型中经过模型率定取为 $0.07\ \mathrm{N/m^2}$、$0.05\ \mathrm{N/m^2}$、$0.01\ \mathrm{N/m^2}$。

5. 悬沙临界冲刷切应力

床面侵蚀速率基于由 Mehta 等人提出的公式估算，对于固结黏性床沙有

$$S_E = E\left(\frac{\tau_b}{\tau_{ce}} - 1\right)^n, \quad \tau_b > \tau_{ce} \tag{4.4-12}$$

式中：E 为冲刷速率，一般取决于底床的物理化学性质，本次数值模型中取值为 0.000 001 [kg/(m² · s)]。对于床面第一层，即半固结层，τ_{ce} 取值为 $0.12\ \mathrm{N/m^2}$；对于床面第二层，即硬泥层，τ_{ce} 取值为 $0.15\ \mathrm{N/m^2}$。

6. 模型率定

工程悬沙实测资料分别采用 2019 年工程附近的 DL01～DL06 号站位的实测悬沙资料。图 4.4-22 为大、小潮周期内各测站的悬沙浓度验证，从图中可知：工程周边悬沙浓度在 $0.3\ \mathrm{kg/m^3}$ 左右，涨落潮期间基本在 $0.2\sim0.4\ \mathrm{kg/m^3}$ 之间变化，整体悬沙浓度的变化幅度较小，整体悬沙量较为稳定，大潮期悬沙浓度要略大于小潮期。

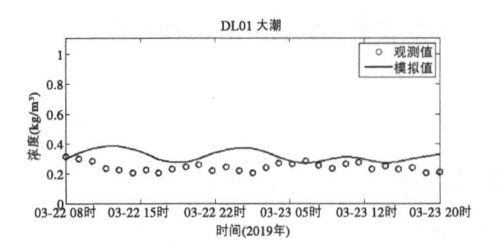

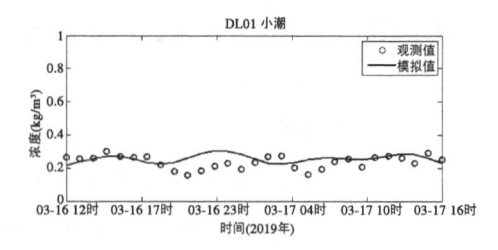

(a) DL01 测点大潮和小潮期间悬沙浓度对比

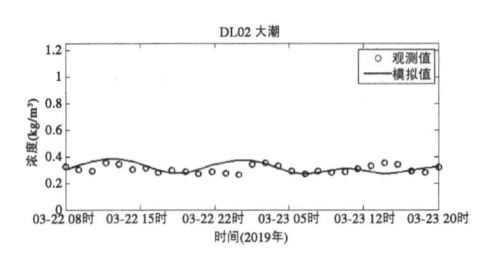

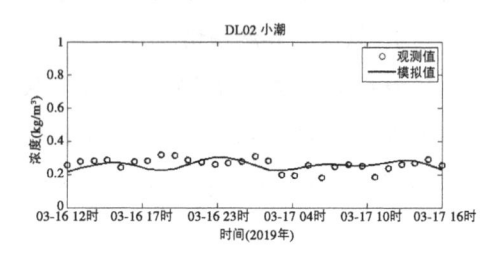

(b) DL02 测点大潮和小潮期间悬沙浓度对比

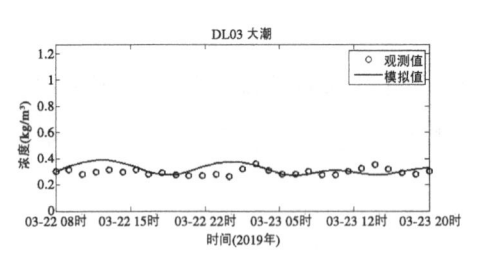

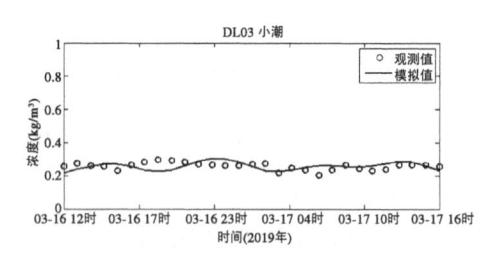

(c) DL03 测点大潮和小潮期间悬沙浓度对比

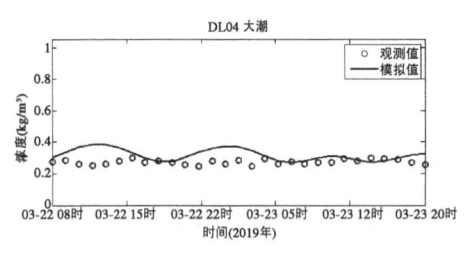

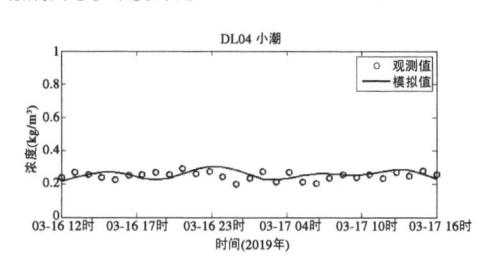

(d) DL04 测点大潮和小潮期间悬沙浓度对比

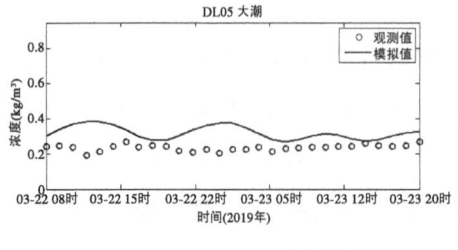

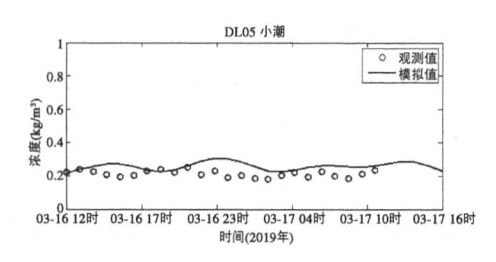

(e) DL05 测点大潮和小潮期间悬沙浓度对比

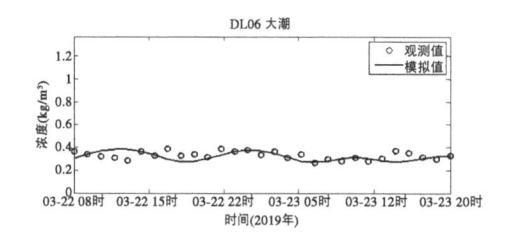

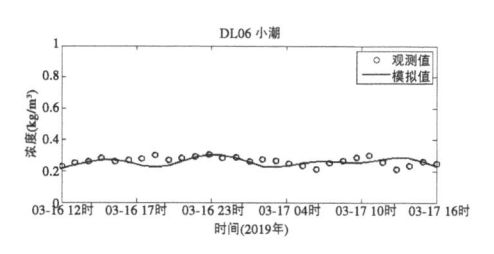

(f) DL06 测点大潮和小潮期间悬沙浓度对比

图 4.4-22　大潮和小潮期间 DL01～DL06 站的悬沙浓度验证图

由图 4.4-22 可见,各验证点计算含沙量和实测资料吻合较好,计算的含沙量变化趋势与实测值一致,潮平均含沙量的偏差在 30% 以内,验证结果符合《海岸与河口潮流泥沙模拟技术规程》的要求,表明二维水沙数学模型能模拟工程海区悬沙输运过程,也可以进一步地模拟工程海区底床冲淤变化过程。

4.4.2.4　工程实施前的冲淤结果分析

由悬沙分布情况(图 4.4-23、图 4.4-24)可知:工程附近的悬沙浓度在 0.3 kg/m³ 左右,外海悬沙浓度略低,越靠近舟山群岛及杭州湾海域悬沙浓度越大,在涨、落潮流影响下,工程附近悬沙浓度略有变化,数值模拟得到的悬沙浓度场与实际海域情况较为吻合。

从冲淤结果(图 4.4-25)可知:工程海域整体处于冲淤平衡状态,主要的淤积发生在近岸滩涂以及岛屿的掩护区域;主要冲刷发生在岛屿的主潮流侧,梁横山与黄它山之间水道,以及梁横山南侧的螺门水道深槽;工程前海域呈现槽冲滩淤的趋势。

钓梁围填海位于舟山岛东侧、螺门水道北侧、钓山与梁横山之间海域,工程前舟山东侧、梁横山西侧近岸淤积,年淤积量约 0.1～0.3 m/a;而钓山与梁横山中间海域整体冲淤平衡;工程南侧螺门水道深槽略有冲刷,梁横山与黄它山之间深槽也以冲刷为主,年冲刷量约 0.2～0.3 m/a;岛屿的局部掩护区域年淤积在 0.2 m/a 左右;数值模拟得到的海域年冲淤变化,基本符合地形图分析得出的冲淤趋势。

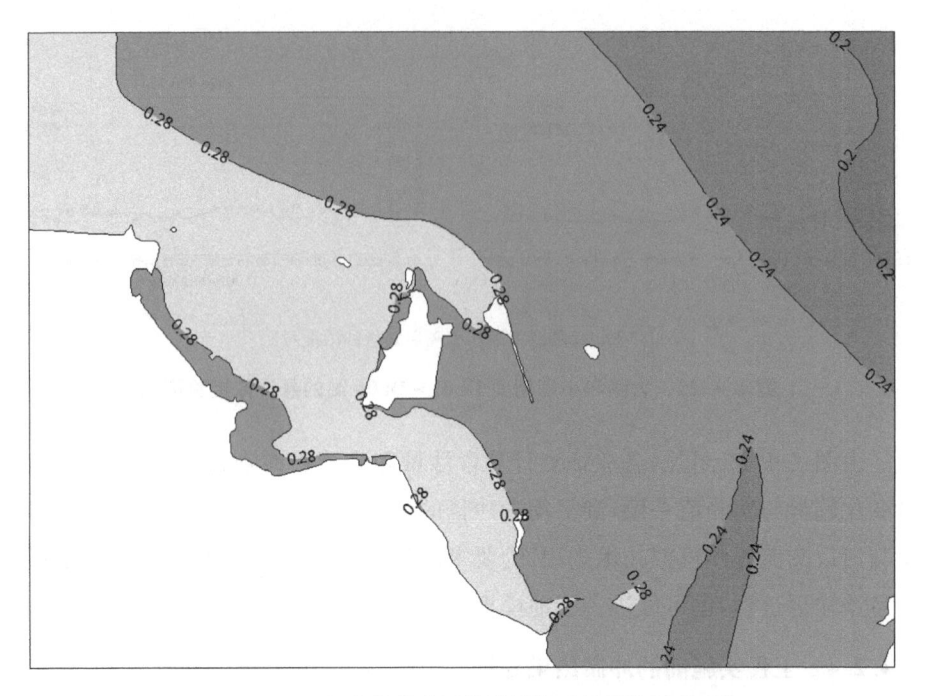

图 4.4-23　工程实施前附近海域涨潮时的悬沙分布情况

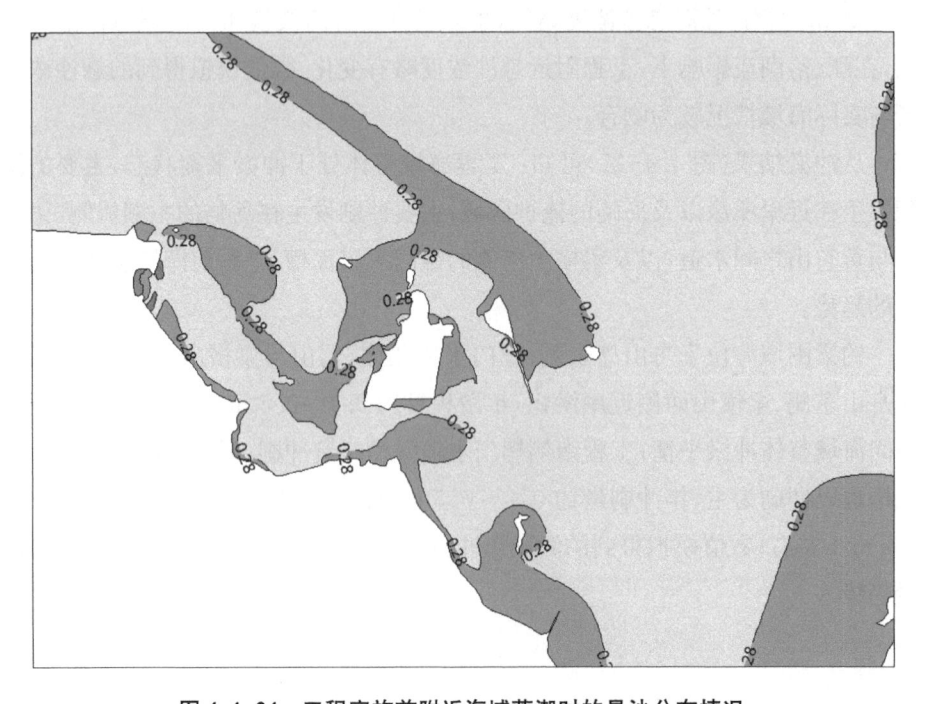

图 4.4-24　工程实施前附近海域落潮时的悬沙分布情况

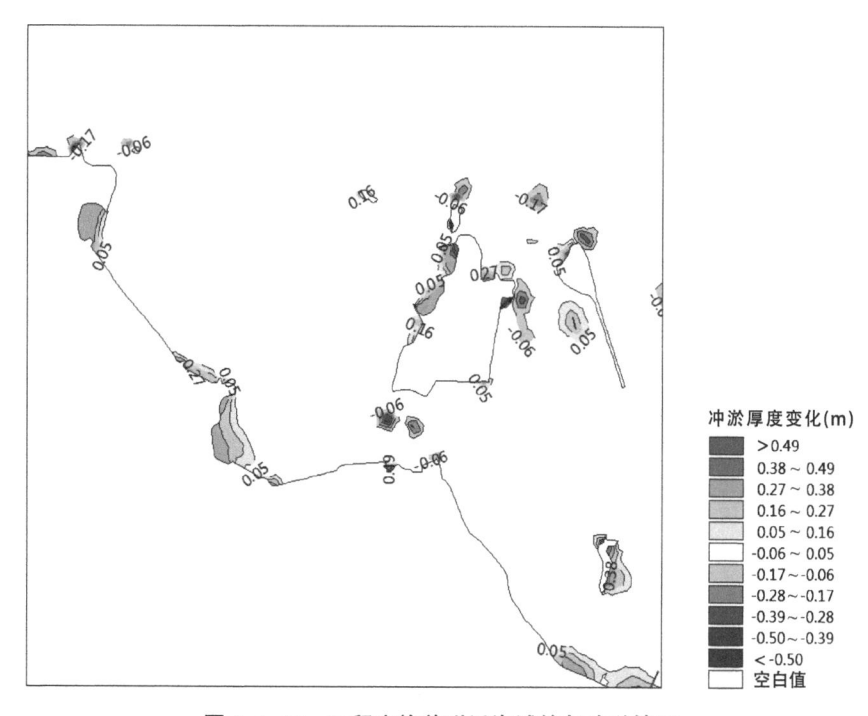

图 4.4-25　工程实施前附近海域的年冲淤情况

4.4.2.5　工程实施后的冲淤结果及分析

钓梁围填海工程填海实施以后,必然会引起潮流和波浪场的变化,进而引起海底冲淤的改变。图 4.4-26 和图 4.4-27 给出了围填海工程实施后涨、落潮时的悬沙浓度场,图 4.4-28 给出了该工程实施后附近海域的年冲淤变化情况。

从工程实施后的悬沙浓度可知:工程主要影响其南侧原螺门水道海域,受填海阻隔形成了半封闭小湾,该区域工程实施后流速呈现一定程度减小,导致其水流挟沙力降低,小湾内悬沙大部分发生落淤,湾内整体悬沙浓度较湾外要低。围填海工程对附近海域整体悬沙浓度的影响较小,工程附近悬沙主要受灌门水道来沙影响。根据历史水深变化分析,工程的实施导致:工程南侧整体淤积形成新的滩涂湿地;梁横山和黄它山之间潮流深槽发生冲刷,潮流深槽不断延伸。

在考虑之前冲淤影响下,现状钓梁围填海工程会继续导致其南侧小湾整体淤积,湾内年淤积量平均在 0.5 m/a 左右,工程北侧近岸略有淤积;同时梁横山和黄它山之间仍会发生冲刷过程,年冲刷量约 0.3 m/a,岛体近岸附近略有冲刷,等深线继续向岛体靠近。

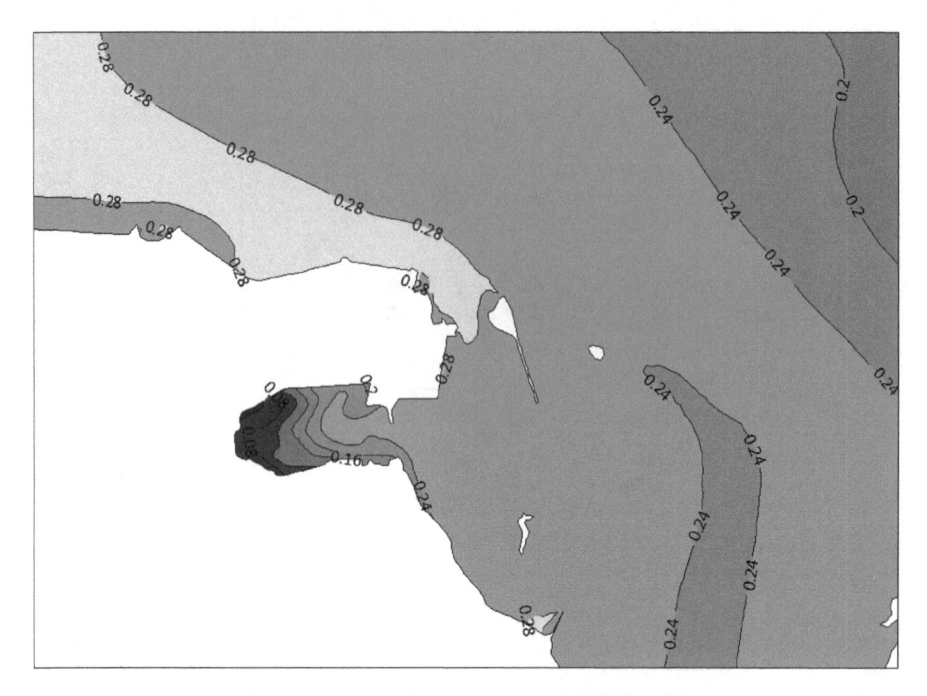

图 4.4-26　围填海工程后涨潮时悬沙分布

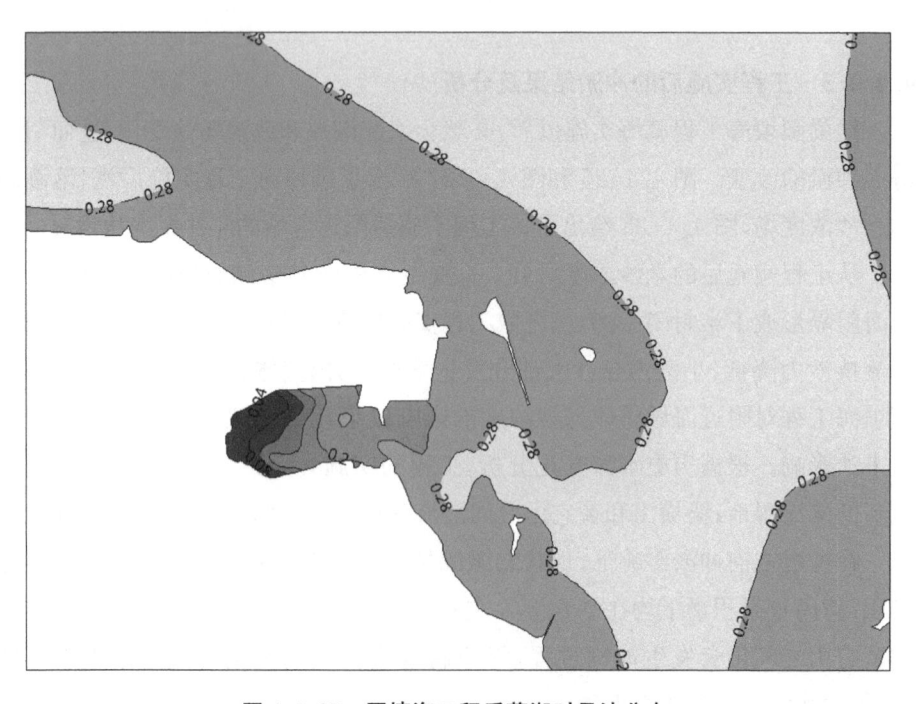

图 4.4-27　围填海工程后落潮时悬沙分布

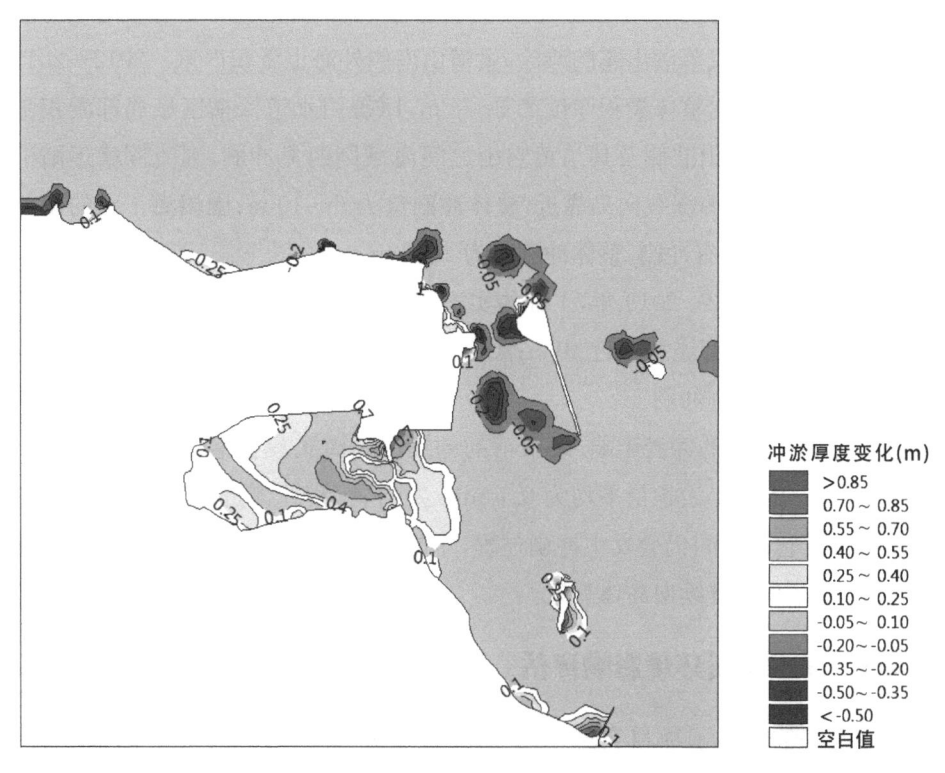

图 4.4-28　围填海工程后附近海域的年冲淤情况

综上所述,工程的实施导致其南侧原螺门水道区域出现一定程度的淤积,梁横山东侧潮流通道出现一定程度的冲刷;现状下该冲刷趋势基本保持不变,冲刷量逐年减少。

4.4.2.6　小结

(1) 结合不同时期等深线分析结论,工程前附近地貌演变主要是槽冲滩淤,但年冲淤量较大,工程附近螺门水道、灌门水道及潮流深槽的整体有较大变化;工程实施后附近的地貌演变主要是螺门水道不断淤涨、消失,梁横山与黄它山之间及梁横山北侧潮流深槽不断冲刷、延伸,主要影响区域为围填海工程及梁横山周边 3～5 km 的区域,对北侧舟山岛与秀山岛之间的灌门水道、南侧普陀山岛海域、东侧黄大洋外侧的影响较小。

(2) 2012 年时的水道深槽隐约可见,2002—2012 年原螺门水道逐渐淤积,南堤外侧湾内整体的淤积厚度为 3～8 m,原螺门水道深槽区域局部淤积量可达

30 m,北堤外侧局部区域发生淤积,淤积厚度为 1~3 m。2019 年时螺门水道消失,南堤外侧淤积成落潮出露的滩涂,梁横山南侧外海也淤积严重。2012—2019 年,南堤外侧小湾内整体淤积厚度为 3~6 m,原螺门水道深槽区域局部淤积量可达 11 m;而梁横山北侧及其与黄它山之间海域则明显冲刷,潮流深槽逐渐沿南北延伸,−30 m 等深线向岛靠近,整体冲刷量为 5~10 m;围填海工程的东北侧及钓山西北侧略有冲刷,整体冲刷量为 2~3 m。

整体来看,2002—2019 年,工程的实施导致南侧原螺门水道消失,整体淤积厚度约为 15 m,局部淤积接近 40 m;梁横山东北侧潮流深槽冲刷;围填海工程北岸中部淤积,而两侧冲刷。

(3) 考虑之前的冲淤影响,现状下的钓梁围填海工程会继续导致其南侧小湾整体淤积,湾内年淤积量平均为 0.5 m/a 左右,工程北侧近岸略有淤积;同时梁横山和黄它山之间仍会发生冲刷过程,年冲刷量约为 0.3 m/a,岛体近岸附近略有冲刷,等深线继续向岛体靠近。

4.4.3 海水水质环境影响评估

本次评估收集了项目实施前附近海域 2007 年 8 月(夏季)的调查资料。同时,还收集了宁波市海洋环境监测中心于 2015—2018 年在项目用海区域附近进行的海域环境跟踪监测报告资料(项目实施后环境质量资料引用了跟踪监测报告中 2018 年 9 月的监测数据),用于了解围填海项目实施对水质环境的影响。

4.4.3.1 调查站位的布置

1. 项目实施前调查站位

项目实施前调查时间为 2007 年 8 月,调查共布置 20 个水质调查站位和 10 个沉积物调查站位,具体如图 4.4-29 所示。

2. 项目实施后调查站位

项目实施后共布设 15 个监测站位,其中水质测站 15 个、沉积物测站 8 个、生物生态测站 9 个;潮间带断面 3 条。具体见图 4.4-30。

3. 调查项目

2007 年海水水质调查项目:水温、pH、盐度、SS、DO、COD、无机氮、活性磷酸盐、石油类、叶绿素 a、重金属(Cu、Pb、Zn、Cd)、氰化物等。

2018年海水水质调查项目：悬浮物、pH、溶解氧、COD、无机氮（包括氨氮、硝酸盐、亚硝酸盐）、活性磷酸盐、石油类、铜、锌、铅、镉。

4.4.3.2 项目实施前水质综合评价

根据项目实施前2007年水质调查分析结果，2007年夏季，工程海域附近海水水质中：

pH测值变化范围为8.01~8.08（均值8.04），符合第一类海水水质标准；

DO测值变化范围为4.38~6.14 mg/L（均值5.52 mg/L），除L07和L11站位符合第三类海水水质标准外，其余站位均符合第二类海水水质标准；

COD_{Mn}测值变化范围为0.89~1.65 mg/L（均值1.09 mg/L），符合第一类海水水质标准；

无机氮测值变化范围为0.246~0.573 mg/L（均值0.409 mg/L），劣于第四类海水水质标准；

活性磷酸盐测值变化范围为0.011~0.046 mg/L（均值0.026 mg/L），劣于第四类海水水质标准；

石油类测值变化范围为0.017~0.025 mg/L（均值0.021 mg/L），符合第一类海水水质标准；

Cu测值变化范围为1.499~2.098 ug/L（均值1.825 μg/L），符合第一类海水水质标准；

Pb测值变化范围为0.411~0.629 ug/L（均值0.513 μg/L），符合第一类海水水质标准；

Zn测值变化范围为4.678~12.573 ug/L（均值8.066 μg/L），符合第一类海水水质标准；

Cd测值变化范围为0.144~0.375 ug/L（均值0.256 μg/L），符合第一类海水水质标准。

2007年夏季评价海域水质中pH、COD、DO、石油类，以及重金属（Cu、Pb、Zn、Cd）等评价因子能满足二类水质标准；无机氮、活性磷酸盐等含量超过二类水质标准，无机氮超标率为90.3%、活性磷酸盐超标率为18.1%。

4.4.3.3 项目实施后水质综合评价

根据项目实施后2018年水质调查分析结果，2018年秋季，工程海域附近海水水质中：

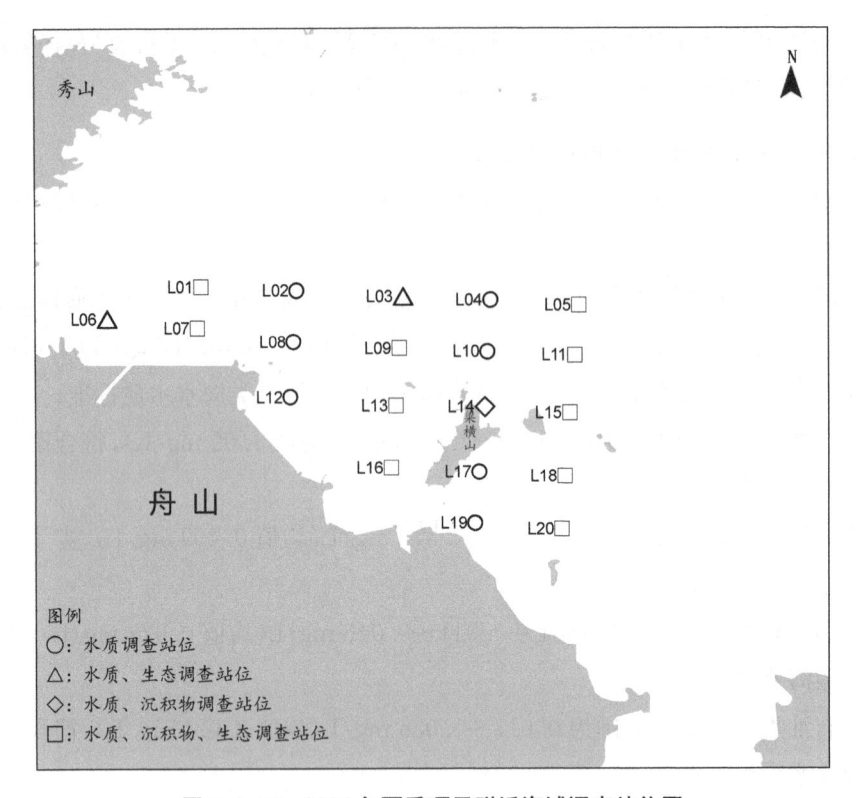

图 4.4-29　2007 年夏季项目附近海域调查站位图

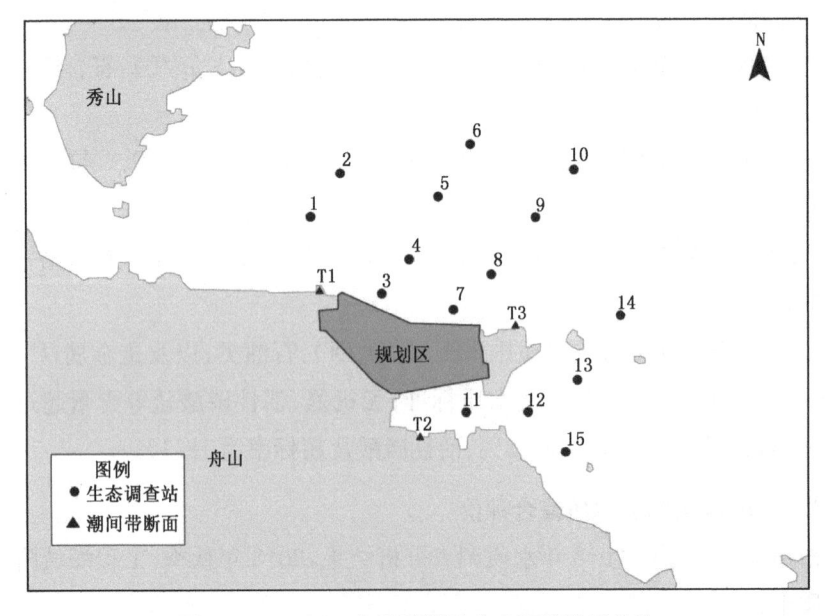

图 4.4-30　2018 年秋季海洋生态环境监测站位

pH 测值变化范围为 8.01~8.09(均值 8.05),符合第一类海水水质标准;

DO 测值变化范围为 6.7~7.95 mg/L(均值 7.25 mg/L),符合第一类海水水质标准;

COD 测值变化范围为 0.97~1.55 mg/L(均值 1.22 mg/L),符合第一类海水水质标准;

无机氮测值变化范围为 0.753~0.836 mg/L(均值 0.781 mg/L),劣于第四类海水水质标准;

活性磷酸盐测值变化范围为 0.025 5~0.043 3 mg/L(均值 0.034 mg/L),符合第四类海水水质标准;

石油类测值变化范围为 0.006~0.025 mg/L(均值 0.007 5 mg/L),符合第一类海水水质标准;

Cu 测值变化范围为 1.6~4.3 ug/L(均值 1.525 μg/L),符合第一类海水水质标准;

Pb 测值变化范围为 0.09~1.0 ug/L(均值 0.14 μg/L),符合第一类海水水质标准;

Zn 测值变化范围为 2.4~16.7 ug/L(均值 3.325 μg/L),符合第一类海水水质标准;

Cd 测值变化范围为 0.05~0.15 ug/L(均值 0.049 μg/L),符合第一类海水水质标准。

2018 年秋季 pH、DO、COD、石油类、重金属(Cu、Pb、Zn、Cd)等评价因子能满足二类水质标准;无机氮超标率为 100%、活性磷酸盐超标率为 91.6%。

4.4.3.4 小结

根据所收集的 2015—2018 年项目附近海域水质跟踪调查结果,并结合工程前 2007 年的水质调查资料,得到各水质评价指标统计结果(最大值、最小值、平均值)见表 4.4-6。

根据工程前 2007 年的调查资料及 2015—2018 年的跟踪监测资料,钓梁区块围填海项目实施后,项目附近海域水质指标中 pH、石油类、悬浮物、COD、Zn、Pb 含量变化不大;Cd 含量略有下降;DO、活性磷酸盐、无机氮、Cu 含量略有上升,但仍能满足第二类海水质量标准。整体而言,项目实施对附近海域水质变化无影响。

表 4.4-6　项目周边海域 2007 年、2015—2018 年水质主要指标变化统计表

调查时间	指标	pH	DO	石油类	悬浮物	COD$_{Mn}$	活性磷酸盐	无机氮	Zn	Pb	Cd	Cu
	单位	—	mg/L	mg/L	mg/L	mg/L	mg/L	mg/L	μg/L	μg/L	μg/L	μg/L
2007年8月	最大值	8.08	6.14	0.025	2 410	1.65	0.046	0.573	12.573	0.629	0.375	2.098
	最小值	8.01	4.38	0.017	19	0.89	0.011	0.246	4.678	0.411	0.144	1.499
	平均值	8.04	5.52	0.021	432.497	1.09	0.026	0.409	8.066	0.513	0.256	1.825
	评价结果	第一类	第二类	第一类	—	第一类	劣四类	劣四类	第一类	第一类	第一类	第一类
2015年1月	最大值	8.13	10.85	0.027	2 868	1.56	0.0401	1.043	23.3	1.65	0.15	4.4
	最小值	8.05	7.11	0.007	59	0.21	0.0163	0.480	16.3	0.34	0.05	2.0
	平均值	8.11	9.46	0.013	664.49	0.69	0.0277	0.846	19.79	0.90	0.07	3.0
	评价结果	第一类	第一类	第一类	—	第一类	劣四类	劣四类	第二类	第二类	第一类	第一类
2015年9月	最大值	8.12	8.01	0.045	1 526	1.56	0.0544	1.085	17.7	0.93	0.20	4.7
	最小值	8.00	6.42	0.005	16	0.54	0.032 0	0.827	3.1	0.03	0.04	1.8
	平均值	8.08	7.20	0.016	339.63	0.88	0.044 5	0.936	8.24	0.26	0.13	3.0
	评价结果	第一类	第一类	第一类	—	第一类	劣四类	劣四类	第一类	第一类	第一类	第一类

第4章 舟山市钓梁区块围填海项目生态评估与整治修复研究

续 表

调查时间	指标	pH	DO	石油类	悬浮物	COD$_{Mn}$	活性磷酸盐	无机氮	Zn	Pb	Cd	Cu
	单位	—	mg/L	mg/L	mg/L	mg/L	mg/L	mg/L	μg/L	μg/L	μg/L	μg/L
2016年9月	最大值	8.06	7.99	0.048	1 871	1.46	0.053 2	1.05	18.3	1.12	0.14	4.0
	最小值	7.90	5.31	0.010	58	0.53	0.019 3	0.689	4.2	0.07	0.05	1.6
	平均值	8.02	6.57	0.015	435.8	0.95	0.030 8	0.878	8.99	0.41	0.09	2.5
	评价结果	第一类	第二类	第一类	—	第一类	劣四类	劣四类	第一类	第二类	第一类	第一类
2017年9月	最大值	8.05	7.87	0.023	1 602	1.31	0.047 5	1.02	16.1	0.85	0.16	3
	最小值	7.99	6.47	0.014	45.7	0.76	0.018 9	0.634	5.2	0.18	0.05	1.8
	平均值	8.02	6.97	0.017	508.5	1.02	0.033 2	0.853	8.94	0.39	0.09	2.3
	评价结果	第一类	第一类	第一类	—	第一类	劣四类	劣四类	第一类	第一类	第一类	第一类
2018年9月	最大值	8.09	7.95	0.025	4 678	1.55	0.043 3	0.836	16.7	1.0	0.15	4.3
	最小值	8.01	6.7	0.006	20.8	0.97	0.025 5	0.753	2.4	0.09	0.05	1.6
	平均值	8.05	7.25	0.007 5	534.9	1.22	0.034 0	0.781	3.325	0.40	0.049	1.525
	评价结果	第一类	第一类	第一类	—	第一类	第四类	劣四类	第一类	第一类	第一类	第一类

4.4.4 海洋沉积物环境影响评估

海洋沉积物环境的监测资料同海水水质环境的监测资料，其资料来源、调查站位参见4.4.3节。

4.4.4.1 项目实施前沉积物环境质量现状调查与评价

2007年夏季项目附近海域沉积物质量调查结果见表4.4-7，各评价因子的标准指数列于表4.4-8中。

表4.4-7　2007年夏季项目附近海域沉积物质量现状调查结果　单位：mg/kg

站位	有机碳 ($\times 10^{-2}$)	硫化物 ($\times 10^{-6}$)	石油类 ($\times 10^{-6}$)	重金属($\times 10^{-6}$) Cu	Pb	Zn	Cd
L01	0.367	6.491	49.2	21.583	43.75	160.35	0.050
L05	0.351	6.481	46.3	21.583	50.00	184.85	0.059
L07	0.303	6.661	43.6	20.372	50.00	151.85	0.049
L09	0.361	6.719	47.3	22.189	50.00	194.10	0.053
L11	0.393	8.229	53.6	24.005	50.00	173.35	0.057
L13	0.431	7.120	55.3	22.794	50.00	178.35	0.060
L14	0.399	7.309	43.9	22.189	50.00	176.35	0.054
L15	0.396	7.050	57.0	25.216	56.25	194.85	0.061
L16	0.335	7.281	45.2	23.400	50.00	193.85	0.066
L18	0.303	7.530	40.6	22.794	50.00	176.85	0.054

表4.4-8　2007年夏季项目附近海域沉积物质量评价因子标准指数

站位	有机碳	硫化物	石油类	Cu	Pb	Zn	Cd
L01	0.184	0.022	0.098	0.617	0.729	1.069	0.100
L05	0.176	0.022	0.093	0.617	0.833	1.232	0.118
L07	0.152	0.022	0.087	0.582	0.833	1.012	0.098
L09	0.181	0.022	0.095	0.634	0.833	1.294	0.106
L11	0.197	0.027	0.107	0.686	0.833	1.156	0.114
L13	0.216	0.024	0.111	0.651	0.833	1.189	0.120
L14	0.200	0.024	0.088	0.634	0.833	1.176	0.108
L15	0.198	0.024	0.114	0.720	0.938	1.299	0.122
L16	0.168	0.024	0.090	0.669	0.833	1.292	0.132
L18	0.152	0.025	0.081	0.651	0.833	1.179	0.108

工程所在海域沉积物除 Zn 外,其余各评价因子的标准指数均小于 1(Zn 符合第二类沉积物质量标准),项目附近海域沉积物质量基本符合相应功能区对沉积物质量的要求,沉积物环境良好。

4.4.4.2 项目实施后沉积物环境质量现状调查与评价

2018 年秋季项目附近海域沉积物质量调查结果见表 4.4-9,各评价因子的标准指数列于表 4.4-10 中。

表 4.4-9　2018 年秋季项目附近海域沉积物质量现状调查结果　单位:mg/kg

站位	有机碳 ($\times 10^{-2}$)	硫化物 ($\times 10^{-6}$)	石油类 ($\times 10^{-6}$)	重金属($\times 10^{-6}$)			
				Cu	Pb	Zn	Cd
1	0.62	8.2	47.5	32.7	22.0	86.9	0.13
4	0.49	23.3	82.2	28.6	20.6	79.8	0.11
6	0.30	2.2	40.6	17.5	14.8	68.0	0.07
9	0.51	12.8	137.4	26.5	21.8	80.4	0.11
10	0.35	3.4	272.1	25.4	18.0	70.6	0.10
11	0.35	2.6	44.8	19.7	19.3	72.1	0.09
14	0.38	17.3	41.2	22.0	19.2	87.2	0.10
15	0.38	3.8	22.0	22.6	16.2	73.9	0.09

表 4.4-10　2018 年秋季项目附近海域沉积物质量评价因子标准指数

站位	有机碳	硫化物	石油类	Cu	Pb	Zn	Cd
1	0.31	0.03	0.10	0.93	0.37	0.58	0.26
4	0.25	0.08	0.16	0.82	0.34	0.53	0.22
6	0.15	0.01	0.08	0.50	0.25	0.45	0.14
9	0.26	0.04	0.27	0.76	0.36	0.54	0.22
10	0.18	0.01	0.54	0.73	0.30	0.47	0.20
11	0.18	0.01	0.09	0.56	0.32	0.48	0.18
14	0.19	0.06	0.08	0.63	0.32	0.58	0.20
15	0.19	0.01	0.04	0.65	0.27	0.49	0.18

由表 4.4-10 可知,工程所在海域沉积物各评价因子的标准指数均小于 1,符合相应功能区对沉积物质量的要求,沉积物环境良好。

4.4.4.3 小结

根据工程前2007年的调查资料,以及2015—2018年的跟踪监测资料(表4.4-11)可知,钓梁区块围填海项目实施后,项目附近海域沉积物指标中有机碳、硫化物、石油类、Cu含量波动幅度较小,基本无变化;Zn、Pb含量较工程前略有下降;石油类和Cd含量略有上升。综上所述,项目实施对附近海域沉积物质量变化无影响。

表 4.4-11 项目周边海域 2015—2018 年沉积物主要指标变化统计表

单位:mg/kg

调查时间	指标	石油类	有机碳	硫化物	铜 Cu	锌 Zn	镉 Cd	铅 Pb
	单位	$\times 10^{-6}$	$\times 10^{-2}$	$\times 10^{-6}$	$\times 10^{-6}$	$\times 10^{-6}$	$\times 10^{-6}$	$\times 10^{-6}$
2007年8月	最大值	57.0	0.431	8.229	25.216	194.85	0.066	56.3
	最小值	40.6	0.303	6.481	20.372	151.85	0.049	43.8
	平均值	48.2	0.364	7.087	22.613	178.48	0.056	50.0
	评价结果	第一类	第一类	第一类	第一类	第二类	第一类	第一类
2015年1月	最大值	151.3	0.98	81.2	26.9	101.7	0.12	26.2
	最小值	22.9	0.56	2.3	17.5	61.9	0.09	15.7
	平均值	63.8	0.73	27.7	22.3	77.6	0.10	21.0
	评价结果	第一类	第一类	第一类	第一类	第一类	第一类	第一类
2015年9月	最大值	256.1	0.64	17.2	28.7	84.4	0.21	28.4
	最小值	17.5	0.28	0.4	17.6	53.4	0.10	16.4
	平均值	88.5	0.39	8.6	21.4	69.7	0.13	20.8
	评价结果	第一类	第一类	第一类	第一类	第一类	第一类	第一类
2016年9月	最大值	70.2	0.46	13.5	31.4	86.9	0.14	25.2
	最小值	10.0	0.17	0	16.1	41.9	0.08	12.8
	平均值	29.2	0.32	5.1	23.7	66.8	0.11	18.8
	评价结果	第一类	第一类	第一类	第一类	第一类	第一类	第一类
2017年9月	最大值	40.7	0.50	16.4	34.4	100.8	0.19	29.1
	最小值	16.5	0.46	0.4	19.0	58.7	0.13	18.1
	平均值	27.4	0.49	3.7	28.1	81.4	0.16	24.5
	评价结果	第一类	第一类	第一类	第一类	第一类	第一类	第一类

续 表

调查时间	指标 单位	石油类 $\times 10^{-6}$	有机碳 $\times 10^{-2}$	硫化物 $\times 10^{-6}$	铜 Cu $\times 10^{-6}$	锌 Zn $\times 10^{-6}$	镉 Cd $\times 10^{-6}$	铅 Pb $\times 10^{-6}$
2018年9月	最大值	272.1	0.62	23.3	32.7	87.2	0.13	22.0
	最小值	22.0	0.30	2.2	17.5	68.0	0.07	14.8
	平均值	86.0	0.42	9.2	24.4	77.4	0.10	19.0
	评价结果	第一类	第一类	第一类	第一类	第一类	第一类	第一类

4.4.5 海洋生物生态环境影响评估

海洋生物生态环境监测资料同海水水质环境的监测资料，其资料来源、调查站位参见4.4.3节。

4.4.5.1 海洋生物变化趋势性分析

为尽可能地对钓梁围填海工程进行科学评价，本次结合工程前2007年数据，以及所收集到的跟踪监测数据，对围填区周围海域海洋生物变化进行趋势性分析，分析结果如下。

1. 叶绿素 a

根据历年监测数据，围填区周围海域叶绿素含量呈现一定幅度的波动，2016年最高，2017年下降至 0.4 μg/L。围填区附近海域叶绿素 a 含量较工程前略有下降。

表 4.4-12 叶绿素 a 跟踪监测变化情况

叶绿素 a (μg/L)	2007年 8月	2015年 1月	2015年 9月	2016年 9月	2017年 9月	2018年 9月
最大值	0.757	1.0	9.5	10.5	2.9	9.1
最小值	0.706	0.2	1.4	1.1	0.1	0.1
平均值	0.728	0.5	5.5	5.2	0.4	0.5

2. 浮游植物

种类组成及生态类型：从监测数据对比来看，2007年、2015—2017年，钓梁围填区附近海域浮游植物种类数整体呈下降趋势，至2018年种类数有少量回升。历年浮游植物种类组成均以藻类为主，其中琼氏圆筛藻为主要优势种。

密度：2007年、2015—2018年秋季浮游植物密度上下有所波动，呈不规则变化。工程后(2018年)较工程前(2007年)浮游植物密度有所上升。

多样性指数等指标：工程海域浮游植物历年多样性指数 H'、均匀度指数 J、丰度指数 d 均不高,且变化幅度尚可接受。多样性指数均值在 1.944～2.77 之间,均匀度指数均值在 0.56～0.84 之间,丰度指数均值在 0.71～1.833 之间。

综上,根据上述 2007 年、2015—2018 年项目周边海域浮游植物数据对比可知,围填工程前后浮游植物种类组成和多样性变化不大,浮游植物密度先下降,而后略有恢复。项目实施对附近海域浮游植物影响较小(表 4.4-13)。

表 4.4-13 浮游植物跟踪监测变化情况

年份		种类数	优势种	生物密度 ($\times 10^2$ cells/dm³)	多样性指数 H'	均匀度指数 J	丰度指数 d
2007 年 8 月	最大值	50	中肋骨条藻、菱形藻和琼氏圆筛藻	108	2.482	0.980	2.547
	最小值			21	1.019	0.510	1.161
	平均值			51	1.944	0.840	1.833
2015 年 1 月	最大值	37	虹彩圆筛藻、琼氏圆筛藻和中肋骨条藻	48.00	2.58	0.75	2.46
	最小值			6.40	2.08	0.48	1.55
	平均值			18.75	2.35	0.58	0.94
2015 年 9 月	最大值	40	中肋骨条藻、琼氏圆筛藻	48.0	2.46	0.64	0.92
	最小值			4.8	1.55	0.47	0.45
	平均值			22.3	2.18	0.56	0.75
2016 年 9 月	最大值	39	中肋骨条藻、琼氏圆筛藻、虹彩圆筛藻、佛氏海毛藻	41.6	3.48	0.83	1.52
	最小值			17.6	0.77	0.19	0.52
	平均值			26.5	2.51	0.63	1.16
2017 年 9 月	最大值	28	威氏圆筛藻、中肋骨条藻、琼氏圆筛藻、哈氏半盘藻、虹彩圆筛藻、辐射圆筛藻	14.40	3.02	0.84	0.95
	最小值			1.60	2.40	0.70	0.36
	平均值			6.08	2.77	0.75	0.71
2018 年 9 月	最大值	33	中肋骨条藻、洛氏角毛藻、琼氏圆筛藻、旋链角毛藻、菱形海线藻、尖刺菱形藻、优美旭氏藻	598.00	3.23	0.76	1.04
	最小值			2.20	1.89	0.48	0.67
	平均值			87.02	2.63	0.64	0.91

3. 浮游动物

种类组成及生态类型：从跟踪监测数据对比来看，2007年、2015—2018年钓梁围填区附近海域浮游动物种类数呈上下波动趋势，浮游动物种类数多少与监测季节和监测年份有关，春季相对较低，秋季相对较高。历年浮游动物优势种略有变化，以背针胸刺水蚤、针刺拟哲水蚤为主。

密度：2007年、2015—2018年浮游动物密度呈现上下波动的趋势，相对而言，春季浮游动物密度较低，秋季浮游动物密度较高。

生物量：2007年、2015—2018年浮游动物生物量呈不规则变化，其中2007年、2016年的浮游动物生物量较高，剩余年份浮游动物生物量基本持平。

多样性指数等指标：工程海域浮游动物历年多样性指数 H'、均匀度指数 J、丰度指数 d 均在一定范围内波动。多样性指数均值在 1.59～3.39 之间，均匀度指数均值在 0.65～0.86 之间，丰度指数均值在 0.58～3.93 之间，多样性指数和均匀度指数浮动范围不大。

综上所述，钓梁围填海工程对附近海域的浮游动物影响较小，项目周边海域生物生态环境与调查季节、调查年份有关（表 4.4-14）。

表 4.4-14　浮游动物跟踪监测变化情况

年份		种类数	优势种	密度 (ind./m³)	生物量 (mg/m³)	多样性指数 H'	均匀度指数 J	丰度指数 d
2007年8月	最大值	56	中华哲水蚤、真刺唇角水蚤、捷氏歪水蚤、太平洋纺锤水蚤、中华假磷虾、百陶箭虫和拿卡箭虫等	198.65	1 072.73	2.05	0.828	0.670
	最小值			63.35	183.33	1.31	0.680	0.516
	平均值			137.56	493.24	1.59	0.740	0.580
2015年1月	最大值	12	背针胸刺水蚤、圆唇角水蚤和中华哲水蚤	45.0	43.8	2.79	0.94	3.08
	最小值			7.6	11.8	2.06	0.77	0.91
	平均值			14.6	21.3	2.48	0.86	2.03
2015年9月	最大值	34	背针胸刺水蚤、针刺拟哲水蚤	184.0	278.6	3.08	0.79	2.83
	最小值			40.8	96.0	1.83	0.48	0.53
	平均值			105.3	198.4	2.45	0.65	2.23

续 表

年份		种类数	优势种	密度 (ind./m³)	生物量 (mg/m³)	多样性指数 H'	均匀度指数 J	丰度指数 d
2016年9月	最大值	44	背针胸刺水蚤、针刺拟哲水蚤和太平洋纺锤水蚤	370.0	1 420.0	3.55	0.85	6.03
	最小值			36.2	200.0	2.34	0.52	1.39
	平均值			127.3	724.6	3.02	0.73	3.93
2017年9月	最大值	47	针刺拟哲水蚤、背针胸刺水蚤、磷虾幼体、太平洋纺锤水蚤、糠虾幼体、毛颚类幼体	331.20	446.20	3.49	0.81	4.03
	最小值			42.40	29.00	2.63	0.59	1.41
	平均值			163.32	218.58	3.04	0.70	2.94
2018年9月	最大值	55	肥胖箭虫、磷虾幼体、双生水母、平滑真刺水蚤、球型侧腕水母、百陶箭虫、针刺拟哲水蚤、中华假磷虾、中华哲水蚤	462.5	461.5	4.07	0.86	4.65
	最小值			49.7	33.3	3.08	0.66	1.36
	平均值			199.1	209.6	3.39	0.78	2.93

4. 潮间带生物

种类组成：从监测数据对比来看，2007年、2015—2018年钓梁围填区附近海域潮间带生物种类数除2015年1月略低外，其余年份基本持平。优势种略有变化，以粗糙滨螺、短滨螺、婆罗囊螺等为主。围填区附近海域潮间带生物种类数与调查季节、年份有关。

密度：潮间带生物密度以2015年9月为最高，其余年份潮间带生物密度相当。

生物量：除2015年1月潮间带生物量较高外，其余年份潮间带生物生物量基本持平，变化幅度有限。

多样性指数等指标：工程海域潮间带生物历年多样性指数 H'、均匀度指数 J、丰度指数 d 均在一定范围内波动。多样性指数均值在0.97~2.944之间，均匀度指数均值在0.57~0.84之间，丰度指数均值在0.26~1.149之间。

综上所述，钓梁围填海工程使附近海域潮间带生物密度略有下降，潮间带生物种类数、生物量变化不大，多样性指数略有降低，丰度指数呈略下降趋势。项目实施对围填区附近海域潮间带生物影响较小(表4.4-15)。

表 4.4-15　潮间带生物跟踪监测变化情况

年份		种类数	优势种	密度 (ind./m²)	生物量 (g/m²)	多样性指数 H'	均匀度指数 J	丰度指数 d
2007年8月	最大值	60	短滨螺、彩虹明樱蛤、异足索沙蚕、长吻吻沙蚕、鳞笠藤壶、单齿螺、海蟑螂	901	163.08	3.010	0.840	1.227
	最小值			405	59.26	2.877	0.736	1.071
	平均值			653	111.17	2.944	0.788	1.149
2015年1月	最大值	20	粗糙滨螺、短滨螺、疣荔枝螺、婆罗囊螺、不倒翁虫、鳞笠藤壶	496	731.44	1.92	0.95	0.49
	最小值			32	0.40	0	0	0
	平均值			208	119.32	0.97	0.57	0.26
2015年9月	最大值	40	粗糙滨螺、短滨螺、疣荔枝螺、婆罗囊螺、不倒翁虫、鳞笠藤壶	8 296.0	265.52	3.60	0.89	1.74
	最小值			304.0	17.28	0.34	0.17	0.24
	平均值			1 828.4	104.89	1.67	0.61	0.70
2016年9月	最大值	41	粗糙滨螺、短滨螺、疣荔枝螺、金星蝶铰蛤、齿纹蜒螺、婆罗囊螺	1 600.0	218.80	2.57	1.00	1.58
	最小值			64.0	15.44	1.00	0.40	0.32
	平均值			506.1	110.11	1.53	0.67	0.80
2017年9月	最大值	30	粗糙滨螺、单齿螺、纵沟纽虫、白脊藤壶、金星蝶铰蛤、粒结节滨螺、僧帽牡蛎、婆罗囊螺	2 232.0	335.84	2.74	1.00	1.35
	最小值			24.0	0.50	0.85	0.31	0.36
	平均值			654.2	145.11	1.60	0.70	0.65
2018年9月	最大值	42	粗糙滨螺、单齿螺、白脊藤壶、金星蝶铰蛤、粒结节滨螺、日本大眼蟹	2 512.0	331.28	3.21	0.98	1.27
	最小值			48.0	19.76	1.12	0.48	0.31
	平均值			551.1	117.88	2.16	0.84	0.69

5. 底栖生物

种类组成：从监测数据对比来看，围填区附近底栖生物种类数浮动范围不大。2015年9月及2017年由于个别站位未捕到大型底栖生物，因此无法计算优势种。

密度：底栖生物密度波动较大，以2007年为最，2016年次之，2015年9月、2018年基本持平，2017年最少。

生物量：2007年、2015—2018年底栖生物生物量呈不规则波动。

多样性指数等指标：工程海域2007年、2016年与2018年多样性指数、均匀度指数、丰度指数基本持平。

综上所述，钓梁围填海工程实施后，项目附近海域底栖生物密度下降，底栖生物多样性指数、均匀度指数、丰度指数基本不变，生物量呈不规则变动（表4.4-19）。

表4.4-16 底栖生物跟踪监测变化情况

年份		种类数	优势种	密度 (ind./m²)	生物量 (g/m²)	多样性指数 H'	均匀度指数 J	丰度指数 d
2007年8月	最大值	16	异足索沙蚕、长吻吻沙蚕、双鳃内卷齿蚕、不倒翁虫	1 140	78.08	1.906	0.96	0.561
	最小值			50	0.28	1.260	0.63	0.249
	平均值			279	14.51	1.475	0.80	0.348
2015年1月	最大值	17	不倒翁虫、双鳃内卷齿蚕和半褶织纹螺	385.0	54.40	2.24	0.96	0.60
	最小值			20.0	0.65	0.51	0.25	0.35
	平均值			91.7	8.04	1.67	0.85	0.47
2015年9月	最大值	7	—	25.0	3.25	—	—	—
	最小值			10.0	0.15	—	—	—
	平均值			17.5	1.23	—	—	—
2016年9月	最大值	12	豆形胡桃蛤、金星蝶铰蛤和持真节虫	600	19.42	3.08	1.00	1.95
	最小值			10	0.10	0	0.53	0
	平均值			91	4.75	1.53	0.93	0.77
2017年9月	最大值	12	—	10.00	0.45	—	—	—
	最小值			0	0	—	—	—
	平均值			2.22	0.07	—	—	—
2018年9月	最大值	18	不倒翁虫、纽虫sp.，日本角吻沙蚕	25.0	9.65	2.00	1.00	0.69
	最小值			10.0	1.10	1.00	0.95	0.23
	平均值			18.9	3.36	1.57	0.99	0.50

4.4.5.2 小结

根据历年项目周边海域监测数据可知：

（1）调查海域附近海域叶绿素a含量整体呈上下波动趋势，项目实施后附近海域叶绿素a含量较工程前略有下降。

(2) 调查期间,浮游植物种类组成略有下降,种类密度变化不大,多样性有所增加。项目实施对附近海域浮游植物影响较小。

(3) 钓梁围填海工程对附近海域的浮游动物影响较小,项目周边海域生物生态环境与调查季节、调查年份有关。

(4) 调查海域潮间带生物密度和多样性指数基本不变,密度和生物量略有下降。项目实施对围填区附近海域潮间带生物影响较小。

(5) 调查海域底栖生物密度下降,底栖生物多样性指数、均匀度指数、丰度指数基本不变,生物量呈不规则变动。

监测数据表明,调查期间工程附近海域海洋生物生态环境变化不大,且海洋生物生态环境监测数据与调查季节和年份有关。

4.4.6 生态敏感目标影响评估

4.4.6.1 对海洋生态保护红线的影响

《浙江省海洋生态红线划定方案》划定了海洋生态红线区和海洋生态红线岸线。本项目不在海洋生态红线区范围内,距离本项目最近的海洋生态红线区为秀山东南湿地,位于本项目西北侧约 1.6 km。其管控要求为:禁止围填海、矿产资源开发及其他可能改变海域自然属性、破坏湿地生态功能的开发活动;严格限制开展与生态环境保护不一致的开发活动;加强对受损滨海湿地的整治与生态修复。

普陀山旅游区位于本工程区东南侧 13.7 km。其管控要求为:禁止实施可能改变或影响滨海旅游的开发建设活动;不得新增入海陆源工业直排口;不得破坏自然景观和人文景观资源;加强实施海岸整治和生态修复工程。

根据数模预测结果,钓梁围填海工程实施后,对原螺门水道、梁横山东南侧海域产生一定程度的淤积或冲刷影响,对其他海域影响不大,对西北侧 1.6 km 外的生态红线限制区秀山东南湿地基本不产生影响。

本项目没有占用海洋生态红线岸线。本项目附近有生态红线海岛自然岸线普陀梁横山无居民岛群岸线,其管控要求为:严格限制改变或影响岸线自然属性和地形地貌的开发建设活动。项目区域的海岛自然岸线主要是指小梁横下礁、小梁横上礁、大麦干礁、梁横东小岛、泥它礁、黄它山岛、黄北礁、小青它山屿、小青它山北礁、青它山岛、铜礁、展茅中柱礁、黄石岩南岛、黄石岩、赖补礁等岛屿岸线。本项目于 2008 年以前即已开工,项目北侧海堤于 2009 年底完成竣工验收,南侧海堤于2010年开始施工,2012年底完成合龙,已形成新的人工岸线,项目共占用岸线9 031 m。根据前述水文动力、冲淤分析,工程实施没有与以上岛屿相连,没有占用岛屿面积,同时根据数模分析结果,本项目的建设不会对普陀梁横山无居民岛群岸线造成不良影响。因此,本工程的实施对相关岛屿自然岸线不会造成影响。

综上所述,本项目符合《浙江省海洋生态红线划定方案》的相关要求,对工程附近海域的海洋生态保护红线基本没有影响。

4.4.6.2 对无居民海岛的影响

钓梁区块围填海区域附近的无居民海岛有:小梁横下礁、小梁横上礁、大麦干礁、梁横东小岛、泥它礁、黄它山岛、黄北礁、小青它山屿、小青它山北礁、青它山岛、铜礁、展茅中柱礁、黄石岩南岛、黄石岩、赖补礁。上述无居民海岛保护类型均为一般保护型。

钓梁区块围填海工程不涉及开发利用上述无居民海岛。根据工程前后的流场结果来看,本工程的实施造成原螺门水道、梁横山南侧海域水动力降低,从而导致周边海域淤积。

从工程前水深资料来看,展茅中柱礁海域原底高程约−12 m,工程实施后淤积至−3 m。在考虑之前冲淤影响下,现状钓梁围填海工程会继续导致其南侧小湾整体淤积,湾内年淤积量为0.5 m/a左右,工程北侧近岸略有淤积;同时梁横山和黄它山之间仍会发生冲刷过程,年冲刷量约0.3 m/a左右,岛体近岸附近略有冲刷,等深线继续向岛体靠近。

从工程前后的冲淤结果来看,工程的实施对展茅中柱礁海域(沿螺门水道)淤积影响最大,造成梁横山和黄它山之间海域冲刷,南北潮流深槽贯通,对周边其他岛屿无明显影响。

4.4.6.3 对螺门渔港的影响

钓梁区块围填海项目实施前原螺门渔港位于项目东南侧1.5 km处的螺门水道内,钓梁区块区域建设用海规划实施后,根据浙江省的有关规定:"占用渔港或改变渔港功能的,要按照'占一补一'和'补偿在先、占用在后'的原则,由占用者负责异地重建并给予相应补偿。"目前,浙江省舟山市螺门渔港已完成迁址重建并投入正常使用。新址位于梁横山、黄它山之间的海域。新螺门渔港位于钓梁围填区东侧约0.6 km处,根据前述数模预测,钓梁围填海工程实施后,新螺门渔港南侧及东侧年淤积强度在−0.05~−0.10 m/a之间。因此,围填海的实施对新螺门渔港的影响不大。

4.4.6.4 对鸟类的影响评估

为较全面地掌握舟山市钓梁区块鸟类群落状况,本评估于2019年4月对工程区域及周边的鸟类进行现场调查,并收集2018年5月—2019年1月工程区域及周边的5次鸟类调查资料。调查资料覆盖了春、夏、秋、冬四季,夏季和冬季各进行一次调查,春秋迁徙季各进行两次调查,其中2018年7月为夏季鸟类调查;2018年9月和10月为秋季迁徙鸟类调查;2019年1月为冬季鸟类调查,2018年5月、2019年4月为春季鸟类调查。调查覆盖了项目区块范围的全区块及部分周边区域(北Ⅱ堤坝以北区域)。

在鸟类调查中,调查样线的设置主要考虑了3块区域:

北侧:在北Ⅰ堤坝、北Ⅱ堤坝以北区域设置样线,调查项目区块范围外侧北面靠海一侧的鸟类群落状况。

南侧:在南堤坝以南区域设置调查样线,调查项目区块范围外侧南面靠海一侧的鸟类群落状况。

项目区块:项目区块内设置若干样线,主要调查项目用地区块范围内的鸟类群落状况。该区块内的鸟类群落状况在项目实施中受到实际影响和直接干扰。

工程区实施区域建设用海围填海项目后,客观上增加了区域潮滩面积,提供了鸟类更多的觅食等飞行路过项目区域中途停留的区域。

工程区不是《浙江省人民政府办公厅关于公布首批省重要湿地名录的通知》和《浙江省人民政府办公厅关于公布第二批省重要湿地名录的通知》中的重要湿地,工程实施也不占用鸟类保护区,根据调查,工程区位于东亚—澳大利亚西亚候鸟迁徙路线的边缘地带,不是鸟类迁徙路线的重要区域,工程区西北侧35 km以外的五峙山列岛保护区为鸟类重点保护区,绝大多数鸟类均在此停留、觅食,然后继续迁徙。本工程由于距离五峙山列岛保护区较远,不会对保护区造成影响,不会影响鸟类的迁徙和停留。

综合分析表明,工程区不是《浙江省人民政府办公厅关于公布首批省重要湿地名录的通知》和《浙江省人民政府办公厅关于公布第二批省重要湿地名录的通知》中的重要湿地,工程区仅位于鸟类迁徙通道的边缘地带,不是重要迁徙通道,不影响鸟类的迁徙和停留,不会对鸟类的迁徙、停留及繁衍造成明显影响。

4.5 围填海项目生态损害评估

4.5.1 海洋生态系统服务价值的损害评估

海洋生态系统服务指人类从海洋生态系统获得的效益,包括海洋供给服务、调节服务、文化服务和支持服务,分别对应着人类对生态系统的 4 个基本用途,即提供物质资源、分解废弃物、满足精神需求和满足生存需求。围填海工程造成的生态服务功能损失包括对生态系统提供的供给服务、调节服务、文化服务和支持服务功能的影响。其中,供给功能主要为物质生产功能;调节功能主要包括气体调节、干扰调节、废物处理功能;文化功能主要为娱乐休闲和科研教育功能;支持功能主要为生物多样性的维持等。

根据《海湾围填海规划环境影响评价技术导则》,结合国内外相关研究成果,本次评估对海洋供给服务、海洋调节服务、海洋文化服务和海洋支持服务等价值进行估算。

4.5.1.1 海洋供给服务评估

供给功能指从生态系统中收获的产品或物质,具体到海洋生态系统是指其提供的鱼、虾、蟹、贝等海产品作为人们生活食品的服务,以及提供用于人类造纸、化工、加工等生产活动的各类原料的服务。本工程占用海域属于 -6 m 以浅水深的滨海湿地范畴,该用海区的原料生产服务功能薄弱,适于发展滩涂养殖,养殖功能突出,故本报告选取贝类作为代表物种进行供给服务功能价值的计算。

根据海域初级生产力与软体动物的转化关系、软体动物与贝类产品重量的关系及贝类产品在市场上的销售价格、销售利率等建立初级生产力的价值评估模型。根据《海湾围填海规划环境影响评价技术导则》,用市场价格法计算初级生产价值模型为

$$D_{hr} = \frac{P_0 E}{\delta} \sigma P_s \rho_s S \qquad (4.5\text{-}1)$$

式中:D_{hr} 为围填海导致的初级生产服务损失(元/a);P_0 为单位面积被填海域的初级生产力[$kgC/(m^2 \cdot a)$];E 为初级生产力转化为软体动物的转化效率(%);δ 为贝类产品中鲜肉的混合含碳率(%);σ 为贝类产品的含壳重与鲜肉重之比;P_s 为贝类产品平均市场价格(元/kg);ρ_s 为贝类产品销售利润率(%);S

为围填海的面积(m^2)。

根据 2019 年春季的调查资料(工程前及工程后初级生产力资料缺乏,因此本报告引用的是 2019 年 3 月浙江省海洋水产研究所在本项目围填区周边海域进行的现场调查所获得的初级生产力数据),项目附近海域初级生产力最高值为 168.588 mgC/(m^2·d),评估海域用海面积为 1 234.041 1 hm^2。Tait 的研究结果表明,沿岸海域的能量约 10% 转化为软体动物。根据卢振彬的测定结果,软体动物鲜肉重混合含碳率为 8.33%;贝类产品的含壳重与鲜肉重之比按 5.52 计;贝类产品平均市场价格按 0.71 万元/t 计算;贝类销售利润率按 25% 计算。据此估算,项目建设造成的供给服务价值损失约为 893.19 万元/a。

4.5.1.2 海洋调节服务评估

调节服务指调节人类生态环境所提供的服务,本报告重点考虑气体调节和废物处理等功能。

1. 气体调节

生态系统对气体的调节主要体现在植物光合作用固定大气的 CO_2,向大气释放 O_2,气体调节价值包括固定 CO_2 的价值与释放 O_2 的价值两部分。根据《海湾围填海规划环境影响评价技术导则》,围填海对气体调节服务造成的损失可运用替代市场法,参照固定 CO_2 和产生 O_2 的成本进行估算。计算公式如下:

$$D_{ga} = (C_{CO_2} + 0.73 C_{O_2}) \times X \times S \quad (4.5\text{-}2)$$

式中:D_{ga} 为围填海对气体调节服务的损耗(元/a);C_{CO_2} 为固定二氧化碳的成本(元/t);C_{O_2} 为生产氧气的成本(元/t);X 为单位面积海域固定二氧化碳的量[t/(m^2·a)];S 为围填海面积(m^2)。

根据 2019 年春季的调查资料,工程附近初级生产力最高值为 168.588 mgC/(m^2·d),评估海域用海面积为 1 234.041 1 hm^2。C_{CO_2} 取碳税率及造林成本价格的平均值。目前,国际上通用的碳税率通常为瑞典的碳税率 150 USD/t,美元汇率取 6.9,我国造林成本为 250 元/t。因此,C_{CO_2} 取平均值 642.5 元/t(C)。C_{O_2} 取造林成本及工业制氧价格的平均值。据陈应发等人的研究,制造氧气的成本为 400 元/t,即 C_{O_2} 取平均值为 325 元/t(O)。据此估算,项目建设造成的气体调节价值损失约为 66.80 万元/a。

2. 废物处理

围填海工程会直接改变区域的潮流运动特性,引起泥沙冲淤和污染物迁移规律的变化,减小海水环境容量并降低污染物扩散能力,因此围填海工程会破坏或削弱海洋水体的自净功能。在获得海域典型污染因子环境容量变化值的基础上,参照污水处理成本对围填海造成的废弃物处理服务价值损失进行估算。计算公式如下:

$$V_d = \frac{X(C_i - C) \times P}{C_w} \quad (4.5-3)$$

式中：V_d 为废物处理价值（万元/a）；X 为由围填海引起的净水交换损失量（m^3/a）；C_i 为海水 COD 的背景浓度值（mg/L）；C 为海水污染物控制目标（mg/L）；P 为单位生活污水处理成本（元/m^3）；C_w 为生活污水中平均 COD 浓度（mg/L）。

评估海域用海面积为 1 234.041 1 hm^2,围填区平均水深为 1.0 m;生活污水处理价格取 0.9 元/m^3。根据 2019 年春季项目附近海域水质调查结果,本次估算 COD 背景值取 1.02 mg/L;COD 控制目标取海水二级标准,即 3.00 mg/L;生活污水中 COD 的平均浓度约为 150 mg/L。据此估算,项目建设造成废物处理价值损失约为 14.66 万元/a。

4.5.1.3　海洋文化服务评估

文化服务指人们通过精神感受、知识获取、主观印象、消遣娱乐和美学体验从生态系统中获得的非物质利益,本书重点考虑科研价值服务功能。

1. 娱乐休闲

根据谢高地等对我国生态系统各项生态服务价值平均单位的估算结果,我国湿地生态系统单位面积的娱乐休闲功能为 4 910.9 元/（hm^2·a）。评估海域用海面积为 1 234.041 1 hm^2。由此计算,项目建设造成娱乐休闲服务价值损失为 606.03 万元/a。

2. 科研教育

滨海湿地是一种重要的天然实验室,其生物多样性丰富,濒危物种、生物群落多样等在科研教育中有着重要地位,为科研及教育提供了天然基地、材料等,具有重要的科学研究价值。目前,大多数学者借鉴陈仲新等对我国生态效益的估算结果及 Costanza 等对全球各类生态系统服务功能的估算结果,陈仲新等估算我国湿地科研价值平均为 382 元/hm^2,Costanza 等估算湿地生态系统科研文化功能价值平均为 861 美元/（hm^2·a）,取两者的平均值为 3 161.45 元/（hm^2·a）。

评估海域用海面积为 1 234.041 1 hm²。由此计算,项目建设造成科研教育服务价值损失为 390.14 万元/a。

4.5.1.4 海洋支持服务评估

支持功能指对于其他生态系统服务的产生所必需的那些基础服务。近海和滩涂区是许多生物生息繁衍和水鸟的越冬场所。用海区域可归属于－6 m 以浅水深的滨海湿地生态系统,是许多海洋生物的重要栖息地,生物多样性价值高。

生物多样性分为基因多样性、种群多样性和生态系统多样性。生物多样性维持价值包括生态系统在传粉、生物控制、庇护和遗传资源 4 方面的价值。滨海湿地在生物庇护方面表现出极高的生态经济价值。由于资料有限,本次采取成果参照法估算生物多样性价值,根据谢高地对我国生态系统各项生态服务价值平均单价的估算结果,我国湿地生态系统单位面积的生物多样性维持价值为 2 122.2 元/(hm²·a)。评估海域用海面积为 1 234.041 1 hm²,据此估算,项目建设造成生物多样性支持功能价值损失为 261.89 万元/a。

4.5.1.5 海洋生态系统服务功能损失总额

综上所述,舟山市钓梁区块围填海工程建设造成的海洋生态系统服务功能损失价值为 2 232.71 万元/a,详见表 4.5-1。

表 4.5-1 海洋生态系统服务功能损失价值估算汇总

序号	服务功能		损失价值估算(万元/a)
1	供给服务		893.19
2	调节服务	气体调节	66.80
		废物处理	14.66
3	文化服务	娱乐休闲	606.03
		科研教育	390.14
4	支持服务		261.89
合计			2 232.71

4.5.2 海洋生物资源损害评估

由于项目实施占用大量滩涂资源,致使部分底栖生物和潮间带生物失去栖息场所,从而造成永久性的生物损失。同时由于项目的施工建设,项目周边海域的潮间带和底栖生物,以及渔业资源等都会受到一定程度的影响,造成一次性损失。

4.5.2.1 潮间带和底栖生物量损失

根据项目周边海域多年平均高潮位 1.22 m(1985 国家高程)和多年平均低潮位 −0.83 m(85 高程)对项目占用海域划分潮间带和潮下带占用面积,划分结果表明,项目占用潮间带面积约为 355.340 0 hm²,潮下带面积约为 878.701 1 hm²。

1. 计算方法

根据农业部(今农业农村部,下同)《建设项目对海洋生物资源影响评价技术规程》,因项目建设需要,占用渔业水域,使渔业水域功能被破坏或海洋生物资源栖息地丧失,各种类生物资源损害量评估按下式计算：

$$W_i = D_i \times S_i \quad (4.5\text{-}4)$$

式中：W_i 为第 i 种类生物资源受损量(尾、个、kg);D_i 为评估区域内第 i 种类生物资源密度[尾(个)/km²、尾(个)/km³、kg/km²];S_i 为第 i 种类生物占用的渔业水域面积或体积(km² 或 km³)。

根据 2011 年 4 月现状调查资料,项目周边海域底栖生物平均生物量约为 21.87 g/m²,潮间带生物平均生物量约为 52.51 g/m²。

2. 永久性损失量估算

项目实施时经过筑堤、回填,将直接导致用海区潮下带环境形成陆地,对底栖生物造成永久性损失。根据农业部《建设项目对海洋生物资源影响评价技术规程》中的公式测算,项目占用海域共造成底栖生物损失约 192.17 t,潮间带生物约 186.59 t。

3. 一次性损失量估算

项目实施过程中造成潮间带生物、底栖生物一次性损失主要表现在围堤建设过程中。一次性损失的生物可以随着时间的推移得到恢复。

本项目南堤建设将对海堤周边约 10 m 范围内的生物造成一次性影响,影响面积约为潮间带 0.28 hm²、潮下带 0.59 hm²。生物损失率按 30% 计,则由于南堤建设造成的底栖生物一次性损失量约为 0.04 t,潮间带生物一次性损失量约为 0.05 t。

4.5.2.2 渔业资源损失量估算

项目实施对渔业资源的影响主要是南堤施工时产生的 SS 增量对海域渔业

资源的影响。由于该影响是在施工期间产生的,施工结束后,影响即结束,所以影响是一次性的。

1. 计算方法

根据《建设项目对海洋生物资源影响评价技术规程》的相关规定,持继性生物资源损害赔偿和补偿按以下方法计算。

(1) 一次性平均受损量评估

某种污染物浓度增量超过《渔业水质标准》或《海水水质标准》中Ⅱ类标准值(未列入的污染物,其标准值按照毒性试验结果类推)对海洋生物资源的损害评估,按下式计算:

$$W_i = \sum_{j=1}^{n} D_{ij} \times S_j \times K_{ij} \qquad (4.5-5)$$

式中:W_i 为第 i 种类生物资源一次性平均损失量(尾、个、kg);D_{ij} 为某一污染物第 j 类浓度增量区第 i 种类生物资源密度(尾/km²、个/km²、kg/km²);S_j 为某一污染物第 j 类浓度增量区面积(km²);K_{ij} 为某一污染物第 j 类浓度增量区第 i 种类生物资源损失率(%);n 为某一污染物浓度增量分区总数。

(2) 污染物对生物资源造成的各类损失率按表 4.5-2 计算

表 4.5-2 污染物对各类生物资源造成的损失率

污染物 i 的超标倍数(B_i)	各类生物损失率(%)	
	鱼卵和仔稚鱼	成体
$B_i \leq 1$ 倍	5	<1
$1 < B_i \leq 4$ 倍	5~30	1~10
$4 < B_i \leq 9$ 倍	30~50	10~20
$B_i \geq 9$ 倍	≥50	≥20

注:本表列出污染物 i 的超标倍数(B_i),指超《渔业水质标准》或超Ⅱ类《海水水质标准》的倍数,对标准中未列的污染物,可参考相关标准或按实际污染物种类的毒性试验数据确定;当多种污染物同时存在,以超标准倍数最大的污染物为评价依据。
损失率是指考虑污染物对生物繁殖、生长或造成死亡,以及生物质量下降等影响因素的综合系数。
本表列出的对各类生物损失率作为工程对海洋生物损害评估的参考值。工程产生各类污染物对海洋生物的损失率可按实际污染物种类、毒性试验数据做相应调整。
本表对pH、溶解氧参数不适用。

2. 渔业资源损失量估算

2011年秋两个航次调查期间鱼卵的生物量为0,仔鱼的生物量为1.92 尾/m²,成鱼的生物量约为77.6 t/km³,浮游动物生物量为0.871 g/m³。南堤外侧平均水深按5 m计算。

SS不同增量范围内的生物资源损失情况如表4.5-3所示。

表4.5-3 南堤施工不同范围的生物资源损失率估算表

项目	SS 增量(mg/L)			
	10～50	50～100	100～150	>150
面积(km²)	2.036	0.471	0.114	0.010
鱼卵仔鱼损失率(%)	20	40	50	50
成体损失率(%)	5	15	20	20

(1) 仔鱼损失量估算

项目南堤施工产生的SS增量造成的仔鱼损失量约为

$$M_{仔鱼}=W_{仔鱼} \times T = \sum_{j=1}^{n} D_{ij} \times S_j \times K_{ij} \times T$$
$$=1.92 \text{ 尾}/m^2 \times (2.036 \text{ km}^2 \times 20\% + 0.471 \text{ km}^2 \times 40\%$$
$$+0.124 \text{ km}^2 \times 50\%)$$
$$=1\,272\,960 \text{ 尾}$$

(2) 成鱼损失量估算

项目南堤施工产生的SS增量造成的成鱼损失量约为

$$M_{成鱼}=W_{成鱼} \times T = \sum_{j=1}^{n} D_{ij} \times S_j \times K_{ij} \times T$$
$$=77.6 \text{ t/km}^3 \times (2.036 \text{ km}^2 \times 5\% + 0.471 \text{ km}^2 \times 15\%$$
$$+0.124 \text{ km}^2 \times 20\%) \times 5 \text{ m}$$
$$\approx 76.5 \text{ kg}$$

4.5.2.3 经济价值及补偿额估算

1. 计算方法

(1) 底栖生物经济价值的计算方法

根据《建设项目对海洋生物资源影响评价技术规程》,底栖生物、潮间带生物

的经济价值可按下式计算:

$$M = W \times E \tag{4.5-6}$$

式中:M 为经济损失金额(元);W 为生物资源损失量(kg);E 为生物资源价格(元/kg),按主要经济种类当地当年的市场平均价或按海洋捕捞产值与产量的比值计算,根据舟山市 2010 年渔业生产统计年报,2010 年舟山市渔业总产出 94.05 亿元,全市渔业生产总产量 131.12 万 t,平均 7 172.82 元/t。

(2) 鱼卵和仔稚鱼经济价值的计算方法

鱼卵、仔稚鱼的经济价值应折算成鱼苗进行计算。鱼卵、仔稚鱼经济价值计算公式:

$$M = W \times P \times E \tag{4.5-7}$$

式中:M 为鱼卵和仔稚鱼经济损失金额(元);W 为鱼卵和仔稚鱼损失量(个、尾);P 为鱼卵和仔稚鱼折算为鱼苗的换算比例,鱼卵生长到商品鱼苗按 1% 成活率计算,仔稚鱼生长到商品鱼苗按 5% 成活率计算(%);E 为鱼苗的商品价格,按当地主要鱼类苗种的平均价格计算(元/尾)。

(3) 成鱼经济价值的计算

成体生物资源经济价值计算公式:

$$M_i = W_i \times E_i \tag{4.5-8}$$

式中:M_i 为第 i 种类生物成体生物资源的经济损失额(元);W_i 为第 i 种类生物成体生物资源损失的资源量(kg);E_i 为第 i 种类生物的商品价格(元/kg)。

(4) 生物资源损害赔偿和补偿年限(倍数)的确定

各类工程施工对水域生态系统造成不可逆影响的,其生物资源损害的补偿年限均按不低于 20 年计算。

占用渔业水域的生物资源损害补偿,占用年限低于 3 年的,按 3 年补偿;占用年限 3～20 年的,按实际占用年限补偿;占用年限 20 年以上的,按不低于 20 年补偿。

一次性生物资源的损害补偿为一次性损害额的 3 倍。

2. 底栖生物损失和补偿金额估算

根据《建设项目对海洋生物资源影响评价技术规程》,底栖生物永久性损失的经济价值:$M = W \times E = 192.17 \text{ t} \times 7\,172.82 \text{ 元/t} \approx 137.84$ 万元。由于是永久性损失,所以补偿金额按 20 年计算,则由于底栖生物永久性损失造成的补偿金额约为 2 756.80 万元。

南堤施工造成底栖生物一次性损失量约 0.04 t,一次性损失的补偿金额按 3 年计算,则底栖生物的一次性损失补偿金额约为 0.09 万元。

3. 潮间带生物损失和补偿金额估算

根据《建设项目对海洋生物资源影响评价技术规程》,潮间带生物永久性损失的经济价值:$M = W \times E = 186.59 \text{ t} \times 7\,172.82 \text{ 元}/\text{t} \approx 133.84$ 万元。由于是永久性损失,所以补偿金额按 20 年计算,则由于底栖生物永久性损失造成的补偿金额约为 2 676.80 万元。

南堤施工造成潮间带生物一次性损失量约 0.05 t,一次性损失的补偿金额按 3 年计算,则底栖生物的一次性损失补偿金额约为 0.12 万元。

4. 成鱼损失和补偿金额估算

据估算,项目实施约造成成鱼一次性损失 76.5 kg,则成鱼经济价值损失:

$$M_{成鱼} = W \times E = 76.5 \text{ kg} \times 7\,172.82 \text{ 元}/\text{t}$$
$$\approx 0.05 \text{ 万元}$$

据《建设项目对海洋生物资源影响评价技术规程》,一次性损失的补偿金额按 3 年计算,则成鱼的一次性损失补偿金额约为 0.15 万元。

5. 仔鱼损失和补偿金额估算

据估算,项目实施约造成仔鱼一次性损失 690 309 尾,通过调查得知,2010 年舟山市仔稚鱼价格约为 0.8 元/尾,可推算得知仔鱼的经济价值损失:

$$M_{仔鱼} = W \times P \times E = 1\,272\,960 \text{ 尾} \times 5\% \times 0.8 \text{ 元}/\text{尾}$$
$$\approx 5.09 \text{ 万元}$$

据《建设项目对海洋生物资源影响评价技术规程》,一次性损失的补偿金额按 3 年计算,则仔鱼的一次性损失补偿金额约为 15.27 万元。

6. 合计

项目实施共造成底栖生物永久性损失 192.17 t、一次性损失 0.04 t,潮间带生物永久性损失 186.59 t、一次性损失 0.05 t,成鱼资源一次性损失 76.5 kg,仔鱼资源一次性损失 1 272 960 尾,补偿金额总计约 5 449.23 万元。详见表 4.5-4 所示。

表 4.5-4　生物资源损失补偿金额统计表

生物	损失类别	损失量	经济价值(万元)	计算年限	补偿金额(万元)
潮间带生物	永久性	186.59 t	133.84	20	2 676.80
	一次性	0.05 t	0.04	3	0.12
底栖生物	永久性	192.17 t	137.84	20	2 756.80
	一次性	0.04 t	0.03	3	0.09
仔鱼	一次性	1 272 960 尾	5.09	3	15.27
成鱼	一次性	76.5 kg	0.05	3	0.15
合计					5 449.23

4.5.3　生态损害评估汇总

综上所述,项目建设造成的海洋生态系统服务功能损失价值为 2 232.71 万元/a,造成的海洋生物资源损害为 5 449.23 万元。根据业主提供的资料,本围填区图斑范围内已有 122.558 8 hm² 用海面积缴纳生态修复补偿费共计 571.24 万元,剩余 1 111.482 3 hm² 用海尚未缴纳生态修复补偿费。按面积比例折算后,本围填海项目剩余 4 908.04 万元生态修复补偿费还未缴纳,缴纳清单见表 4.5-5。

表 4.5-5　已缴纳生态修复补偿费统计表

序号	用海位置	用海面积(hm²)	已缴纳生态修复补偿费(万元)
1	4 号区块	24.338 1	99.06
2	5 号区块	30.568 7	124.42
3	7 号区块	8.442 3	34.37
4	8 号区块	23.281 4	94.76
5	9 号区块	—	18.06
6	10 号区块	21.822 4	88.82
7	13 号区块	14.105 9	57.42
8	17 号区块	—	54.33
合计		122.558 8	571.24

4.6 生态修复对策

根据舟山群岛新区—钓梁区块的主要生态环境问题,结合围填海项目所在海域的自然环境特征和区域生态功能定位,本工程主要从岸线修复、水文动力及冲淤环境恢复、滨海湿地修复、生态空间建设及海洋生物资源恢复等方面提出具体生态修复措施。

钓梁围填区项目生态修复的主要工程措施如表4.6-1所示。

表4.6-1 钓梁围填区围填海项目生态修复的主要工程措施一览表

修复类型	工程名称	考核指标 内容	考核指标 数量
岸线修复	梁横山南侧岸线整治修复	垃圾、碎石清理	1 256 m
		生态复绿	4 hm^2
	南堤内侧海堤生态化提升	碱蓬、灌木种植	2 646 m
	黄它山南侧岸线修复及海岛复绿(异地修复)	垃圾、碎石清理	566 m
		生态复绿	3.83 hm^2
水文动力及冲淤环境恢复	梁横山南侧堤坝拆除	拆除长度	307 m
	区块水系水动力恢复(石皮礁闸)	水闸建造	1个
滨海湿地修复	南堤外侧湿地修复	修复面积	211.65 hm^2
生态空间建设	河道水系生态修复	水生植物种植	56.39 hm^2
	围区生态绿廊建设	绿廊建设	81.277 4 hm^2
	南部围水区生态修复	调蓄湖面积	171 hm^2
海洋生物资源恢复	普陀莲花洋海域增殖放流	放流金额	50万元/a,10a
	南堤外侧潮间带生物资源养护	放流金额	20万元/a,3a

4.6.1 岸线修复

舟山群岛新区—钓梁区块新形成的海堤人工岸线已具备生态海堤的建设条件。海堤内侧护坡带可通过种植生态防护林提升生态化程度;海堤外侧通过垃圾清理整治,提升环境美感和景观效果。通过整治修复,形成生态功能完善的海堤。

4.6.1.1 梁横山南侧岸线整治修复

舟山群岛新区—钓梁区块围填海项目部分施工石料来源于梁横山南侧的长春岗宕口,采石场开山时,部分石料滚落入海,对梁横山南侧海岸线造成不同程度的损害(图 4.6-1)。同时,由于开山垦石导致植被退化,对岸线景观造成一定的影响。本次生态化整治修复拟通过岸滩垃圾收集和清理、块石和碎石清理,以及生态复绿建设等人工措施,清理岸线总长度约 1 256 m;岸线清理后,对基岩岸线后方陆域开展生态复绿,拟修复岸线的自然化、生态化功能,提升海岸价值。

图 4.6-1 所需修复岸线现状

4.6.1.2 南堤内侧海堤生态化提升

南堤内侧已有护坡,已初步具备生态海堤建设条件,但经现场勘查,海堤仍存在部分土地裸露、接河岸处生态化程度低、环境杂乱等问题(图 4.6-2)。因此,需要对海堤开展生态恢复工程,以实现海堤的生态化和景观化。

可在内堤建设景观防护林带,种植夹竹桃、木麻黄、芦苇、碱蓬、防护林等。

图 4.6-2　南堤内侧现状及海堤内侧现有原生物种

4.6.1.3　黄它山南侧岸线修复及海岛复绿（异地修复）

结合本工程的主要生态问题、生态功能定位及实际情况，统筹考虑生态修复效果，计划在黄它山进行异地修复，对黄它山南侧岸线进行修复并对海岛南侧进行复绿。

黄它山南侧由于堤坝作业，部分石料滚落入海，对黄它山南侧岸线造成不同程度的损害。同时，由于堤坝作业导致植被退化，对岸线景观造成一定的影响（图 4.6-3）。

本次生态化整治修复拟通过岸滩垃圾收集和清理、块石和碎石清理，以及生态复绿建设等人工措施，修复岸线的自然化、生态化功能，提升海岸价值。

图 4.6-3　所需修复岸线现状

4.6.2 水文动力及冲淤环境恢复

为了改善水文动力及冲淤环境,缓解南堤外侧的淤积状况,增强南堤向海侧湾区内的海水流通,需拆除部分堤坝。

4.6.3 滨海湿地修复

南堤外侧海域现由泥沙自然淤积而成,形成了大面积的滩涂湿地。该区域为淤涨型海岸,海岸植被目前几乎不存在。制定以自然恢复为主、人工修复为辅的修复对策,逐步修复已经破坏的滨海湿地,最大程度恢复生态系统功能。

生态修复面积共 211.65 hm^2,实施方案主要为自然恢复。在拟修复滩涂范围内,对于可能影响到施工开展以及后期景观效果的网具设施,海水冲刷堆积的垃圾、碎石堆等进行清理。在南堤外侧进行潮间带生物养护。

4.6.4 生态空间建设

生态空间的修复,主要是在围区内开展河道水系生态修复、围区生态绿廊建设和南部围区水域内的生态修复,在以上水系、主要道路两侧及区块内配合建设生态绿廊,提升绿化和景观效果。

4.6.4.1 河道水系生态修复

根据现场踏勘情况,围区内河道淤积严重,河岸参差不齐,部分区域淤积成边滩,基本无植被等生态化建设内容。在围区内主要河道水系两边的浅水区,通过种植挺水植物和沉水植物等水生植被,开展水系生态修复,两侧合计总长 45 km(图 4.6-2)。

表 4.6-2 河道规划一览表　　　　　　　　　　单位:m

河名	起点	终点	河宽	长度	河底高程
纬五河	园区西侧	经三河	10	1 060	−1.5
	经三河	梁衡闸	20~30	6 430	−1.5
纬四河	园区西侧	项目区东侧	20~30	5 860	−1.5
纬三河	经三河	南堤	20	1 970	−1.5
	南堤	三期围垦排海闸	20~60	4 600	−1.5

续 表

河名	起点	终点	河宽	长度	河底高程
经三河	里汤岙	纬三河	10	680	−1.5
	纬三河	石皮礁闸	30~60	3 420	−1.5
经六河	园区南侧	纬五河	10	1 940	−1.5
经八河	纬三河	纬五河	20	1 480	−1.5
经十河	长峙山海塘	南堤	20	1 730	−1.5
	南堤	纬五河	20	1 620	−1.5
经十二河	长峙山海塘	南堤	30	1 710	−1.5
	南堤	纬五河	30~45	1 460	−1.5
经三河分支	经三河	纬四河	10	1 150	−1.5
纬五河分支	纬五河	北堤	20	600	−1.5

4.6.4.2 围区生态绿廊建设

为提升围区绿化程度，在河道和海洋公园植被种植的基础上，拟结合围区内主要道路和区块功能，综合构建生态绿廊。

围区内主要道路分为4种，道路两侧各设宽10 m的绿化带，种植行道物种，以高大乔木为主，灌木为辅，宽度3 m；道路两侧护坡种植草本植物，宽度7 m。

4.6.4.3 南部围区生态修复

南部围区处于未开发状态，现状为大面积水域，且滩涂裸露，杂草丛生。该区域水域规划为调蓄湖，由于周边陆域基础设施尚未完善，因此南部围水区的生态修复以自然恢复为主，逐步恢复该区域的湿地生态系统(图4.6-4)。

图4.6-4 南部围区水域滨海湿地现状

4.6.5 海洋生物资源恢复

4.6.5.1 普陀莲花洋海域增殖放流

本项目占用了一定面积的潮间带和潮下带海域,对海域生态环境构成一定程度的影响,对围填区内的底栖生物、浮游动植物、鱼卵仔鱼、游泳生物产生损害。建设单位可采取增殖放流措施,对海域的生态环境进行补偿。

针对本填海项目周边海域的特点,拟选增殖放流的地点在普陀莲花洋海域。根据《浙江省水生生物增殖放流实施方案(2018—2020年)》,普陀近海放流区域物种的选择主要为:大黄鱼、曼氏无针乌贼、日本对虾、海蜇、梭子蟹、恋礁性鱼类、贝类等各类苗种。通过增殖放流,促进浙江渔业资源的恢复,以及浙江渔场的修复振兴。

4.6.5.2 南堤外侧潮间带生物资源养护

通过南堤外侧新形成的滩涂开展潮间带生物资源养护,增殖放流滩涂贝类,增加生物多样性和物种数量。

4.6.6 钓梁区块生态和生活空间

4.6.6.1 生态空间

根据国家海洋局(国海管字〔2014〕393号)对浙江舟山市钓梁区块区域建设用海规划批复,项目规划用海总面积为 1 381.35 hm²,其中,填海造地面积 1 209.76 hm²,水域 171.59 hm²。根据钓梁区块水系和绿地建设计划,钓梁区块绿地面积 100 hm²,占比 7.24%;水系面积 384 hm²,占比 27.80%,其中,备案区域内水系面积 19.824 4 hm²,备案区域外水系面积为 364.175 6 hm²;水系和绿地面积合计 484 hm²,水系和绿地生态空间合计占比 35.04%,符合《浙江省加强滨海湿地保护严格管控围填海实施方案》中生态空间占比大于 25% 的指标要求(表 4.6-3)。

表 4.6-3 钓梁区块绿地和水系面积统计表

区域	区块面积 (hm²)	绿地面积 (hm²)	水系面积 (hm²)	绿地占比 (%)	水系占比 (%)	绿地+水系面积 (hm²)	绿地+水系占比 (%)
钓梁区块	1 381.35	100	384	7.24	27.80	484	35.04

4.6.6.2 生活空间

生活空间，包含道路用地、广场用地、停车场用地、商业商务用地、图书展览用地、教育用地等，面积合计约 224 hm^2，占比为 16.2%，符合《浙江省加强滨海湿地保护严格管控围填海实施方案》中生活空间占比大于 15% 的指标要求。

第5章
辽宁省围填海现状调查及处理方案

根据国家要求和辽宁省的实际情况,辽宁省对现行海洋功能区划范围内的围填海进行了全面摸排。通过本次调查,系统掌握了辽宁省围填海分布及开发利用状况,为进一步促进海洋资源严格保护、有效修复和集约利用,妥善处理辽宁省围填海历史遗留问题提供决策。

5.1 围填海现状调查结果

辽宁省围填海总面积 53 401.09 hm^2。按照工程状态、审批状态和利用状态统计如下。

工程状态包括已填成陆、围而未填、批而未填 3 类。其中,已填成陆面积 41 361.64 hm^2、围而未填面积 10 373.59 hm^2、批而未填面积 1 665.86 hm^2。

审批状态包括海域确权、土地确权、未确权但有行政审批手续、无任何填海审批手续等 4 类。其中,海域确权面积 17 926.87 hm^2、土地确权面积 9 260.92 hm^2、未确权但有行政审批手续面积 9 595.96 hm^2、无任何填海审批手续面积 16 617.33 hm^2。

利用状态分为已利用和未利用两类,主要对已填成陆区域进行统计。其中,已利用面积 20 176.58 hm^2、未利用面积 21 185.06 hm^2。

1. 工程状态统计结果

工程状态分为已填成陆、围而未填、批而未填 3 类。围而未填是指已实施以填海为目的围堰工程,但尚未填海;批而未填是指已经取得海域使用权或土地使用权,但尚未实施围海和填海工程。其中,已填成陆测量单元 2 397 个,面积 41 361.64 hm^2(620 424.6 亩[①]),占总面积的 77.45%;围而未填测量单元 436 个,面积 10 373.59 hm^2(155 603.85 亩),占总面积的 19.43%;批而未填测量单

---

① 1 亩 ≈ 666.7 m^2。

元 197 个，面积 1 665.86 hm² (24 987.90 亩)，占总面积的 3.12%。沿海各市具体情况见表 5.1-1。

表 5.1-1　辽宁各市按照工程状态分类统计表　　　　　　　单位：hm²

城市	已填成陆	围而未填	批而未填
大连市	16 599.02	3 514.93	679.00
丹东市	2 680.41	66.74	27.47
锦州市	4 610.60	4 463.87	178.90
营口市	3 859.95	535.89	318.81
盘锦市	10 341.95	771.72	33.90
葫芦岛	3 269.71	1 020.44	427.78
汇总	41 361.64	10 373.59	1 665.86

2. 审批状态统计结果

审批状态分为海域确权、土地确权、未确权但有行政审批手续、无任何填海审批手续 4 类。其中，海域确权包括取得海域使用权证书、海域使用权证换发土地证书、办理公共用海登记手续、已获得海域使用批复并缴纳海域使用金但未发权属证书等情形，此类测量单元共 1 167 个，面积 17 926.87 hm² (268 903.05 亩)，占总面积的 33.57%；土地确权包括直接发放土地证书和已办理土地登记未发证等情形，此类测量单元 560 个，面积 9 260.92 hm² (138 913.8 亩)，占总面积的 17.34%；未确权但有行政审批手续包括区域用海规划批复、土地收储（征用、转用）、水利围垦许可、整治修复项目批复等情形，此类测量单元 173 个，面积 9 595.96 hm² (143 939.40 亩)，占总面积的 17.97%；无任何填海审批手续包括改变批准用海方式和无任何行政审批手续等情形，此类测量单元 1 107 个，面积 16 617.33 hm² (249 259.95 亩)，占总面积的 31.12%。沿海各市具体情况如表 5.1-2 所示。

表 5.1-2　辽宁省各市按照审批状态分类统计表　　　　　　　单位：hm²

城市	海域确权	土地确权	未确权但有行政审批手续	无任何填海审批手续
大连市	5 515.19	325.08	5 492.47	9 460.21
丹东市	1 687.10	350.27	544.85	192.40
锦州市	3 637.40	3 962.24	304.24	1 349.47

续　表

城市	海域确权	土地确权	未确权但有行政审批手续	无任何填海审批手续
营口市	3 173.08	508.04	376.82	656.71
盘锦市	2 011.20	2 649.01	2 598.27	3 889.10
葫芦岛市	1 902.90	1 466.28	279.31	1 069.44
汇总	17 926.87	9 260.92	9 595.96	16 617.33

3. 利用状态统计结果

利用状态分为已利用和未利用两类。其中，已填成陆区域有实体建设项目、建筑设施或基础设施的，认定为已利用。主要对已填成陆区域进行统计，其中，已利用测量单元 1 671 个，面积 20 176.58 hm²（302 648.70 亩），占总面积的 48.78%；未利用测量单元 726 个，面积 21 185.06 hm²（317 775.9 亩），占总面积的 51.22%。其中，海域确权已利用面积 10 972.56 hm²（164 588.40 亩），占比 81.85%；未利用面积 2 433.45 hm²（36 501.75 亩），占比 18.15%。土地确权已利用面积 5 845.91 hm²（87 688.65 亩），占比 88.74%；未利用面积 741.85 hm²（11 127.75 亩），占比 11.26%。未确权但有行政审批手续已利用面积 737.78 hm²（11 066.7 亩），占比 8.30%；未利用面积 8 146.55 hm²（122 198.25 亩），占比 91.70%。无任何填海审批手续已利用面积 2 620.32 hm²（39 304.80 亩），占比约 20.89%；未利用面积 9 863.19 hm²（147 947.85 亩），占比约 79.01%。各市具体利用情况如表 5.1-3 所示。

表 5.1-3　辽宁省按照利用状态分类统计表　　　　单位：hm²

城市	已利用	未利用
大连市	4 823.12	11 775.90
丹东市	1 787.07	893.34
锦州市	3 350.40	1 260.20
营口市	2 728.65	1 131.30
盘锦市	4 776.66	5 565.29
葫芦岛市	2 710.68	559.03
汇总	20 176.58	21 185.06

5.2 围填海历史遗留问题分类及处置建议

辽宁省涉及围填海历史遗留问题共 977 个目录,面积 30 995.45 hm^2（464 931.75 亩）。

5.2.1 问题分类

根据自然资源部海域海岛管理司《围填海现状调查数据统计口径及历史遗留问题清单的建议》,纳入围填海历史遗留问题清单的情形主要包括已填已用区域、填而未用区域、围而未填区域、批而未填区域。

表 5.2-1　辽宁省围填海历史遗留问题情况表　　　　单位:hm^2

问题类型		大连	丹东	锦州	营口	盘锦	葫芦岛	全省
已填已用	未确权但有行政审批手续	161.57	2.20	60.85	0	370.51	142.66	737.79
	无任何填海审批手续	657.61	9.32	114.01	217.97	1 068.11	553.30	2 620.32
	合计	819.18	11.52	174.86	217.97	1 438.62	695.96	3 358.11
填而未用	海域确权	945.90	51.96	191.27	129.08	977.32	137.85	2 433.38
	未确权但有行政审批手续	4 903.99	542.65	43.58	376.82	2 209.55	70.02	8 146.61
	无任何填海审批手续	5 906.14	141.95	684.95	416.42	2 378.07	335.68	9 863.21
	合计	11 756.03	736.56	919.80	922.32	5 564.94	543.55	20 443.20
围而未填	海域确权	173.50	25.62	1 911.42	504.82	92.40	292.61	3 000.37
	土地确权	18.05	0	1 802.20	8.80	218.15	480.97	2 528.17
	合计	191.55	25.62	3 713.62	513.62	310.55	773.58	5 528.54
批而未填	海域确权	672.48	27.47	40.57	318.26	33.91	428.05	1 520.74
	土地确权	6.08	0	138.35	0.56	0	0	144.99
	合计	678.56	27.47	178.92	318.82	33.91	428.05	1 665.73

1. 已填已用区域

本类型是指审批状态为未确权但有行政审批手续和无任何填海审批手续的已填已用围填海区域。共涉及目录 400 个,面积为 3 358.11 hm^2（50 371.65 亩）。

其中，未确权但有行政审批手续的面积为 737.79 hm^2（11 066.85 亩），无任何填海审批手续的面积为 2 620.32 hm^2（39 304.8 亩）。

2. 填而未用区域

本类型区域是指审批状态为海域确权、未确权但有行政审批手续、无任何填海审批手续的填而未用围填海区域。共涉及目录 477 个，面积 20 443.20 hm^2（306 648.00 亩）。其中，海域确权的面积为 2 433.38 hm^2（36 500.70 亩），未确权但有行政审批手续的面积为 8 146.61 hm^2（122 199.15 亩），无任何填海审批手续的面积为 9 863.21 hm^2（147 948.15 亩）。

3. 围而未填区域

本类型是指审批状态为海域确权、土地确权的围而未填围填海区域（包括部分重大项目的围而未填测量单元）。共涉及目录 132 个，面积为 5 528.54 hm^2（82 928.10 亩）。其中，海域确权的面积为 3 000.37 hm^2（45 005.55 亩），土地确权的面积为 2 528.17 hm^2（37 922.55 亩）。

4. 批而未填区域

本类型是指审批状态为海域确权、土地确权的批而未填围填海区域。共涉及目录 138 个，面积为 1 665.73 hm^2（24 985.95 亩）。其中，海域确权的面积为 1 520.74 hm^2（22 811.10 亩），土地确权的面积为 144.99 hm^2（2 174.85 亩）。

5.2.2 已批未完成区域

1. 问题综述

辽宁省已批准尚未完成围填海项目 240 个，涉及面积 7 194.27 hm^2。其中，批而未填项目 137 个，涉及面积 1 665.73 hm^2；已批准围而未填项目 126 个，涉及面积 5 528.54 hm^2。

2. 处理方案

辽宁省对此类图斑涉及的项目提出"继续填海""不再填海""优化调整"三类处理措施，具体情况如下：

经程序报备案后，继续填海的项目 124 个，涉及面积 4 870.95 hm^2；不再填海的项目 82 个，涉及面积 857.43 hm^2；优化调整的项目 34 个，涉及面积 1 466.88 hm^2，经优化调整后可以核减填海面积 431.48 hm^2。

根据国家要求，继续实施围填的 124 个项目和优化调整的 34 个项目需要开展必要的生态修复。沿海各市具体情况如下：

大连继续填海的项目有 24 个，优化调整的项目有 9 个，拟采取的生态保护修复措施包括：长兴岛通过将继续实施围填海的项目纳入长兴岛经济区围填海项目整体生态修复方案，逐步实施生态修复工程；庄河市通过区域内绿化等措施开展生态修复；瓦房店市继续实施围填海的项目为大连将军石渔港，因此项目为国家投资的公益项目，为该市渔业服务，且工程承包企业因为国家十二运水上项目停止渔港建设，为国家十二运帆船、帆板比赛做了大量工作，瓦房店市不再要求该企业做生态修复；旅顺口区通过优化平面布局，增加绿地面积，节约用海等方式开展必要的生态修复，绿化总面积 5.1 hm^2，节约用海面积 1.5 hm^2；花园口经济区通过拆除围海养殖区、修复河口及滨海湿地等措施开展整治修复，共恢复海域面积 165.93 hm^2，恢复自然岸线 2.58 km，形成生态型人工岸线 3.32 km；高新园区通过打造自然友好的亲水岸线，优化调整填海施工方案，修复受损自然岸线，建设生态环及鱼礁型护岸，开展增殖放流等方式进行必要的生态修复；位于甘井子区的某卸煤码头新建工程，将绿化厂区作为海洋生态空间，绿化面积 4.43 hm^2；金普新区开展增殖放流投入 2 061 万元，建设生态护岸 12 619.66 m，建设生态化绿地 2 279.31 hm^2，恢复海域空间 949.98 hm^2，建设人工沙滩 1 800 m，实施跟踪监测投资 2 100 万元，修复自然岸线 7 186.72 m。大连市通过以上措施开展必要的生态修复，总计恢复海域面积 1 117.41 hm^2，建设生态护岸 15.94 km，修复自然岸线 9.77 km，建设人工沙滩 1.8 km，建设生态化绿地 2 288.84 hm^2。

丹东市继续填海的项目有 6 个，全部位于丹东港区域，拟采取的生态保护修复措施为增殖放流。修复实施主体为丹东港集团，修复措施实施期限到 2022 年。

锦州市继续填海的项目有 40 个，优化调整的项目为 12 个，拟采取增殖放流、绿化、清淤等措施对区域进行修复。修复实施主体为各项目的建设单位，修复计划安排因建设单位施工计划而异，生态保护修复措施与项目建设同步实施。

营口市继续填海的项目有 33 个，优化调整的项目有 1 个，拟采取的生态保护修复措施主要以建设生态海堤、生态岸线，合理安排绿化、生态带等措施进行生态修复。修复实施主体为各项目的建设单位，修复计划安排因建设单位施工计划而异，生态保护修复措施与项目建设同步实施。

盘锦市继续填海的项目有 8 个，拟采取的生态保护修复措施包括项目内部必要的生态化建设、增殖放流。修复实施主体为各项目的建设单位，修复计划安排因建设单位施工计划而异,生态保护修复措施与项目建设同步实施。

葫芦岛市继续填海的项目有 13 个,优化调整的项目有 12 个,拟采取的生态保护修复措施包括继续完成项目周边滨海大道沿岸 2.5 km 岸线的整治措施;拆除施工便道,恢复约 50 hm^2 生态湿地,并适当投放生态物种;在开放用海区修建海洋生态公园,以保护海洋环境、海洋生态为主题,填补本市海洋生态公园空白;建设项目绿化面积 0.3 hm^2;建设绿化带面积 16.9 hm^2;建设生态护岸 2 314 m;预算投资 431 万元,开展渔业增殖放流;预算投资 55.1 万元,建设防风抑尘网,总长度 950 m、高度 4 m,防风板开孔率 40%;项目内部进行必要的生态化建设。修复实施主体为各项目的建设单位,修复计划安排因建设单位施工计划而异,生态保护修复措施与项目建设同步实施。

5.2.3 已批未填区域

1. 问题综述

已批准填而未用围填海项目 94 个(图斑数量 94 个),涉及面积 2 433.38 hm^2。对于该类型遗留问题图斑,各县区结合区域经济发展需求,在符合国家产业政策的前提下集约节约利用,按照具体建设项目进行开发利用,加快开展竣工验收,进行必要的生态修复。

2. 处理方案

对已批准填而未用区域,通过实施区域生态化措施,在项目内部合理安排绿化、生态水系等建设内容,增加围填区生态空间占比,提升区域生态功能;对防护能力需求较低的非生产性护岸进行生态化改造,增加护岸景观、亲水功能;开展增殖放流,恢复海洋生物资源。通过以上必要的生态修复,预计恢复海域面积 165 hm^2,建设生态化护岸 3 km,修复自然岸线 2.5 km。

生态修复项目实施主体均为用海单位,实施计划因建设单位施工计划而异,生态保护修复措施与项目建设同步实施。

5.2.4 未批已填区域

1. 问题综述

辽宁省围填海历史遗留问题中,未批准类总面积共计 21 367.93 hm^2。

2. 处理方案

设定生态保护修复总体目标。坚持"绿水青山就是金山银山"的理念,优化围填海平面设计和岸线布局,针对围填海存在的生态环境问题精准施策,切实修复和恢复围填海区域的海洋生态环境,提高围填海区内景观度,通过科学管理、合理规划协调工业城镇发展与环境保护的关系,给予周边群众更多亲水空间,提高居民获得感和幸福感,构建人海和谐的滨海空间。

(1) 未批准填而未用图斑。

对于该类型遗留问题图斑,未登记备案未发证填而未用图斑涉及违法违规用海的,依法依规严肃查处。该问题类型中涉及不予拆除、已经进行生态化无须办理海域确权的图斑 56 个,面积 670.43 hm^2;该问题类型中涉及全部拆除和部分拆除的图斑单元共计 60 个,拆除面积约 471 hm^2。

(2) 未批准已填已用图斑。

对于该类型的历史遗留问题,依据明确的生态损失赔偿和生态修复方案,责成用海主体做好处置工作。涉及违法违规用海的,依法依规严肃查处。坚持节约集约利用,在符合相关产业政策等规定和空间资源管控要求的前提下,依照项目实际情况,尽快补办用海手续,并进行必要的生态修复。

到 2021 年底前,拟处理未批准已填已用图斑面积约 241 hm^2,拟建近期投资项目 25 个。其中,2020 年计划处理 87 hm^2,拟建近期投资项目 3 个。

该问题类型中涉及全部拆除和部分拆除的图斑单元共计 17 个,拆除面积约 41 hm^2。

第6章
葫芦岛市兴城临海产业区生态评估与整治修复研究

兴城临海产业区起步区位于辽宁省葫芦岛市兴城曹庄镇辖区内,根据辽宁省围填海现状调查结果,兴城临海产业区起步区面积共计 1 080.531 6 hm^2,其中未确权但有行政审批手续和无任何填海审批手续的已填成陆区域面积合计 232.114 0 hm^2。根据《国务院关于加强滨海湿地保护严格管控围填海的通知》和《自然资源部关于进一步明确围填海历史遗留问题处理有关要求的通知》,依照《自然资源部办公厅关于印发〈围填海项目生态评估技术指南(试行)〉等技术指南的通知》,开展了葫芦岛市兴城临海产业区围填海项目的生态评估工作。首先对工程区进行了现场踏勘、收集了有关工程资料;在收集现状资料和补充调查的基础上,通过工程前后资料对比分析,结合模拟预测结果,评估了葫芦岛市兴城临海产业区围填海项目建设对本海域生态环境的影响程度,同时提出了生态修复对策,为妥善解决葫芦岛市兴城临海产业区围填海历史遗留问题提供了重要的依据。

6.1 围填海项目概况

6.1.1 地理位置

兴城临海产业区起步区位于辽宁省葫芦岛市兴城曹庄镇辖区内,地处辽西走廊中部、辽东湾西岸,南临渤海,距兴城市区约 10 km,距葫芦岛市区约 25 km,西距北京市约 370 km,北距沈阳市约 260 km,南距大连市约 190 km。评估用海区位于西南至老滩村杏山、东北至中兴屯蜗牛山之间的滩涂、浅海,东南与菊花岛隔海相望。

6.1.2 建设背景

2005年底,辽宁省提出开发开放沿海经济带的战略,制定了《辽宁沿海经济带发展规划》。2009年8月27日,国务院印发了《国务院关于辽宁沿海经济发展规划的批复》;9月8日,国家发改委正式印发《辽宁沿海经济带发展规划》,标志着辽宁沿海经济带开发开放正式上升为国家战略并付诸实施。葫芦岛市在辽宁沿海经济带的总体框架下,确定了"三点一线"沿海开发开放的基本构想,即在东起葫芦岛市连山区高桥、塔山,中经兴城市曹庄、沙后所,西至绥中县高岭、万家的沿海区域内,打造集港口物流业、临港工业、旅游业、特色农业于一体的沿海经济带,形成经济密集区和核心增长极。

兴城市人民政府抓住辽宁沿海经济带建设这一重大机遇,在曹庄镇沿海规划建设兴城临海产业区。兴城临海产业区是葫芦岛市"三点一线"沿海经济带发展规划的重要一点,于2008年7月8日被纳入辽宁省"五点一线"沿海经济带重点支持区域,是《辽宁沿海经济带发展规划》中29个重点发展和支持区域之一。

图6.1-1 区域建设用海规划批准前遥感影像图(2006年)

为对兴城临海产业区起步区用海范围内的建设项目进行整体规划和合理布局,确保科学开发和有效利用海域资源,按照《关于加强区域建设用海管理工作的若干意见》的要求,在综合考虑自然环境、资源条件和海域特点的前提下,兴城市人民政府编制了《兴城临海产业区起步区区域建设用海总体规划》,以实现海域的合理开发和可持续利用。

《兴城临海产业区起步区区域建设用海总体规划》于 2010 年 5 月 6 日由国家海洋局批复。规划的西北边界为盐田区的外缘。因规划范围与管理岸线之间的盐田区被国有收回,并按相关程序办理了土地使用证,区域建设用海规划未将其纳入规划海域范围。

6.1.3 历史遗留问题成因

兴城临海产业区起步区围填海项目的历史遗留问题成因可分为 3 类。

(1) 2002 年以前形成的围填海图斑,由于在《海域使用管理法》实施前形成,故不被纳入问题清单。

(2) 位于区域建设用海规划西北侧的围填海图斑,问题成因是 2008 年海岸线修订前形成的盐田区,通过办理相关土地手续,被纳入土地管理范围,区域建设用海规划未将其纳入规划范围。

(3) 位于区域建设用海规划内的围填海图斑,问题成因是区域建设用海规划内单体项目未取得海域使用权实施围填海,道路等公共设施未办理公用用海登记。

6.2 评估单元

根据辽宁省围填海现状调查结果,兴城临海产业区起步区共包含 157 个调查单元,总面积 1 080.531 6 hm^2。根据有关政策文件要求,对未确权但有行政审批手续和无任何填海审批手续的已填成陆区域开展生态评估,共需开展生态评估的调查单元数量为 34 宗,面积合计为 232.114 0 hm^2。

6.3 评估范围

评估范围的确定,依据《围填海项目生态评估技术指南(试行)》,"生态评估范围应涵盖围填海项目实际影响到的全部区域。一般以用海外缘线为起点划定,围填海面积大于等于 5 hm² 的向外扩展 15 km,小于 5 hm² 的向外扩展 8 km"。本次评估范围以填海区用海外缘线为起点外扩 15 km,评估范围面积约 572 hm²。

6.4 区域环境概况

6.4.1 区域自然环境现状

6.4.1.1 气象

兴城市地处中纬度地带,属温带半湿润大陆性季风气候,四季分明。春季少雨干旱,风速大,气温上升快;夏季炎热,雨量集中,风速小,湿度大;秋季晴朗少雨,日照充足,昼夜温差大;冬季少雪寒冷,多北风。

累年平均气温为 9.0 ℃,年极端最高气温 41.5 ℃,年极端最低气温 −26.3 ℃。

累年平均降水量在 563～642 mm 之间,平均年降水日数为 71.4 d。

年平均风速为 5.7 m/s。春季风速较大,月平均为 4.7～6.8 m/s。

年平均日照时数为 2 692～2 842 h。

累年平均相对湿度为 63%。

无霜期平均约 165 d。

6.4.1.2 海洋水文

1. 潮汐

本海区属不规则半日潮,潮汐型态系数为 0.84,平均涨潮历时 6 h 4 min,平均落潮历时 6 h 23 min,落潮历时大于涨潮历时。

主要潮位特征值如下:

最高高潮位:4.34 m(1985 年 8 月 2 日 18 时 48 分);

最低低潮位:−1.10 m(1973 年 12 月 24 日 13 时 30 分);

平均高潮位:2.63 m;

平均低潮位:0.61 m;

平均海平面:1.65 m;

平均潮差:2.06 m;

最大潮差:4.00 m。

2. 波浪

全区以 S—WSW 与 N—NE 方向风频率较多。波浪以风浪为主。风浪与涌浪之比为 1∶0.4,风浪与涌浪方向多出现于 SSW,该浪向为常浪向,SSE-SE 与 SSW-SW 为强浪向。逐月平均波高全区为 0.5~0.7 m,最大波高为 4.6 m,方向 SE。波浪季节变化明显,一般以夏季为大,4.6 m 大浪出现在 8 月份,次大浪 3.6 m 出现在 7 月份。

3. 海流

(1) 实测海流分析

各站实测海流均表现为较强的往复性,海流主流向为偏 NE-SW 向,其中偏 NE 向为涨潮流向,偏 SW 向为落潮流向。

大潮期间,各站涨潮流平均流速的流向为偏 NE 向,在 4°~69°之间;落潮流平均流速的流向为偏 SW 向,在 144°~239°之间。小潮期间,各站涨潮流平均流速的流向在 8°~49°之间。落潮流平均流速的流向在 136°~228°之间。

最大涨、落潮流的流向变化与平均涨、落潮流的流向相似,最大涨潮流的流向为偏 NE 向,最大落潮流的流向为偏 SW 向。大潮期间,各站各层最大涨潮流向在 36°~60°之间,最大落潮流向在 212°~246°之间,各层最大涨、落潮流向较相似;小潮期间,各站各层最大涨、落潮流流向与大潮期相似,最大涨潮流向在 10°~82°之间,最大落潮流向在 206°~236°之间。

(2) 余流

大潮期,余流流速在 2.1~8.9 cm/s 之间,最大余流流速为 8.9 cm/s,流向为 38°、36°;小潮期,余流流速在 4.4~21.7 cm/s 之间,最大余流流速为 21.7 cm/s,流向为 49°。

6.4.1.3 地形地貌与冲淤变化

1. 地形地貌

从陆地向海洋基本可分为陆地地貌、海岸与潮间带地貌、海底地貌与岛屿。

2. 泥沙环境分析

(1) 沉积物类型及分布

菊花岛海域沉积物类型分为 8 种,按主次沉积类型依次是砂(S)、砂-粉砂-黏土(S-T-Y)、黏土质砂(YS)、黏土质粉砂(YT)、砂质粉砂(ST)、粉砂质砂(TS)、粗砾(G)和砾砂(GS)、贝壳砂和贝壳泥。

(2) 泥沙来源

海域泥沙一般有 3 个来源:径流输沙、潮流挟沙、岸滩侵蚀来沙。本区沿岸有数条河流入海,但均源短流小,且大多数为季节性河流,在夏季暴雨时方有水流,泥沙也主要在雨季由水流携带入海,每年入海泥沙仅数十万方,除部分推移质泥沙在河口淤积外,悬移质泥沙大多带至外海,而本区潮流流速较小,含沙量较小,因而潮流输沙量甚少,沿岸除局部的礁岩海岸外,多为泥质或砂质浅滩,水浅坡缓,波浪掀沙作用相对较强,因此,本区泥沙的运动形式主要是波浪作用下的沿岸输沙。

(3) 岸滩演变及稳定性分析

兴城临海产业区起步区位于菊花岛附近的海岸浅滩,从工程前水深地形看,该海岸地形呈现比较明显的岛屿波影区后沿岸输沙运动形成等深线向外凸出的堆积地形。根据等深线以及波浪统计资料看,从东北和西南沿岸线向菊花岛波影区运动并沉积下来的沿岸输沙均存在,从西南方向向菊花岛波影区运动的沿岸输沙略大于从东北方向来的沿岸输沙。根据菊花岛周围的地形分布看,菊花岛波影区经过多年的沿岸输沙运动,并没有形成连岛沙堤,表明该区域沿岸输沙的数量不大,本区海域的岸滩基本处于稳定状态。

6.4.1.4 工程地质条件

根据钻探揭露,本场地地层主要由海相沉积物组成,主要层位有素填土、粉砂、淤泥混砂、粗砂、砾砂、强风化安山岩、强风化花岗岩、中风化安山岩。

6.4.1.5 入海河流

(1) 兴城河:位于规划用海东北侧。该河发源于兴城北部药王庙附近的山丘中,一路曲折东南行,经兴城城区,在规划用海东北侧 10 km 左右的钓鱼台注入渤海,河长 50 km,流域面积 704 km^2,平均坡陡 10‰,径流量 0.93×10^8 m^3。支流上游有三合、矿湖等小型水库。

(2) 烟台河:位于规划用海的西南侧。该河发源于兴城西北部中盘岭南麓,在滨海镇东入海,入海口距规划用海的直线距离约 10 km。该河为一条小河,河长 39 km,流域面积 546 km^2,平均坡陡 10.8‰,年均径流量为 0.229×10^8 m^3。上游有碱厂水库,该水库控制流域面积 126.3 km^2。

(3) 六股河:为兴城和绥中的界河。该河发源于建昌县东部松岭山脉米楼子山西南麓,源高 863 m,在绥中小庄子镇入海,入海口距规划用海约 30 km。该河河长 147 km,流域面积 3 080 km^2,多年平均流量 18.6 m^3/s(年径流量约 5.8×10^8 m^3),年均输沙量 143×10^4 t。上游建有马道子水库、龙屯水库。

第 6 章　葫芦岛市兴城临海产业区生态评估与整治修复研究

（4）贾河：紧邻规划用海西侧，为季节性河流，除雨季外基本无地表径流。

6.4.2　区域社会环境概况

兴城市隶属于辽宁省葫芦岛市，地处辽宁省西南，辽东湾西岸，居"辽西走廊"中部。东南部濒临渤海，东北倚热河丘陵，毗邻葫芦岛市连山区、龙港区，西南隔六股河与绥中相望，西北同建昌接壤。兴城市是国家重点风景名胜区、中国优秀旅游城市、中国温泉之城、中国书法之乡、中国泳装名城、辽宁省历史文化名城。

2018 年末，全市（户籍）总人口 532 568 人，城镇人口 146 911 人，城镇人口占总人口的比重为 27.6%。全年出生人口 3 822 人，人口出生率为 7.2‰；死亡人口 3 722 人，死亡率为 7.0‰；自然增长率为 0.2‰。

2018 年，在市委、市政府的坚强领导下，兴城市坚持以习近平新时代中国特色社会主义思想为指导，深入贯彻党的十九大和十九届二中、三中全会精神，坚持稳中求进工作总基调，扎实开展"重实干、强执行、抓落实"专项行动，攻坚克难，奋力拼搏，真抓实干，实现了经济社会平稳发展。

初步核算，全市全年实现生产总值 124.3 亿元，按可比价格计算，比上年增长 4.4%。其中，第一产业增加值 27.9 亿元，同比增长 3.5%；第二产业增加值 16.9 亿元，同比下降 5.3%；第三产业增加值 79.5 亿元，同比增长 6.9%。三次产业增加值比重为 22.5∶13.6∶63.9。全市总用电量 101 021 万 kW·h，比上年增长 6.6%，其中工业用电量 24 501 万 kW·h，比上年下降 2.9%。

6.5　项目施工回顾性分析

6.5.1　用海施工进度回顾

评估区域自 2008 年 10 月开始施工，首先在原有盐田区域进行陆域回填，至 2009 年 4 月共完成回填面积 305.113 3 hm^2。至 2012 年 9 月，原有海域在首先完成外侧 9 624 m 海防堤建设的基础上，新形成填海面积共计 386.797 3 hm^2，并形成围海水域 389.900 0 hm^2，截至 2013 年 10 月，围区内新增填海面积 33.889 9 hm^2，截至 2015 年 9 月，围区内新增填海面积 40.055 7 hm^2，截至 2017 年 1 月，围区内新增填海面积 33.720 9 hm^2。2017 年 1 月至 2018 年底，未新增加填海面积。

6.5.2 施工工艺回顾

从安全生产文明施工方面考虑,工程依照"先主围堰,后子围堰,再回填"的顺序,均采用陆端推进法施工,主围堰形成掩护后即进行子围堰的抛填施工,最后进行陆域回填。

结构上的施工顺序为先进行 10 m 宽的堤心施工,然后再跟进回填开山石。主围堰海侧跟进抛填 10~100 kg 垫层、顶层块石、150~200 kg 护脚块石及 700~800 kg 护面块石,起到防护作用。陆上抛填开山石采用自卸汽车进行直接回填,装载机及推土机推平,长臂挖掘机进行整理坡面。现场自卸汽车在指挥下逐车向前卸石,装载机及推土机推平,堤心石直接抛填至顶标高,对临时围堰及时进行外坡面的补抛、理坡及护面,快速形成临时围堰的防护。施工时,沿围堰的中心线从中间向两侧回填,以达到挤淤的目的。

子围堰跟进回填开山石,先进行 60 m 宽子堰抛填,再进行两侧跟进抛填,达到抛石挤淤效果。

6.5.3 施工物料分析

6.5.3.1 开山土石来源分析

兴城临海产业区起步区填海造地工程共需土石方 5 100 万 m^3;围海堤坝(海防堤)石料需求量 360 万 m^3。

兴城临海产业区西侧为沿海丘陵地带,土石方和石料资源丰富。其中:

(1) 某国防工程弃方约 700 万 m^3。

(2) 某国防净空清理工程弃方约 3 300 万 m^3。

(3) 其余 1 100 万 m^3 填方来自兴城临海产业区西侧丘陵。

(4) 360 万 m^3 石料来自兴城临海产业区周边乡镇(白塔乡、碱厂镇、旧门乡等)的采石场。

6.5.3.2 开山土石理化成分分析

开山土石是填海建设的重要组成部分,因为它的填入将可能导致周边海域环境发生变化,特别是沉积环境的变化。为保证周边海域沉积物环境不会因填海而产生环境风险,2009 年 8 月,对曹庄镇老滩村刘沟后山采石场进行了取样检测工作,岩石样品无放射性,有害重金属元素含量低,为正常背景值,对环境不会造成污染。

6.5.4 施工工艺及环保措施评估

6.5.4.1 工程施工工艺评估

海防堤和陆域形成施工基本上采用了陆端推进法,并依照"先主围堰,后子堰,再回填"的施工顺序,施工工艺简单,施工产生的生活污水、生活垃圾均由后方陆域处理,对海洋环境的影响主要是抛石围堰等产生的悬浮泥沙扩散带来的海水水质污染。

6.5.4.2 施工期环保措施评估

为降低工程施工对评估填海区所在地大气和海域环境所造成的影响,施工单位注重加强施工场地的环境管理和对施工人员的环保教育,坚持文明施工、科学施工,制定了施工环境管理制度。

1. 水环境保护管理措施

(1) 抛石施工水环境污染防治措施

① 填海造地施工过程中,施工单位按照"先主围堰,后子堰,再回填"的施工顺序进行,极大地减少了施工产生的入海泥沙量。

② 施工单位严格遵守施工程序,控制悬浮泥沙的浓度和扩散范围,尽量避开在多数海洋生物繁殖生长期间大规模施工,保证施工区边缘大多数海洋生物都能正常生长。

③ 在形成海防堤时,抛填物料均为大块石,泥沙含量较低,泥沙入海量相对较少。

④ 恶劣天气条件下停止作业,在填海施工过程中无风险事故发生。

(2) 施工废水污染防治措施

① 施工现场道路均保持通畅,排水系统处于良好的使用状态,施工现场无积水。

② 施工场地的临时供、排水设施进行了合理规划,采取有效措施消除跑、冒、滴、漏现象。

③ 施工期的各种生活污水统一收集后交由陆域由污水槽车送至市政污水处理厂处理。

(3) 其他水环境保护措施

① 加强对车辆、设备使用的油品的管理,无油品入海,没有对海洋水环境产生污染。

② 施工期间,生活垃圾和建筑垃圾均集中收集,统一处理,无向水域倾倒垃圾和废渣现象。

2. 固体废物处理措施

施工期固体废物主要来自陆域施工人员产生的生活垃圾,均按照环保部门和市政部门的有关要求、相关规定建立垃圾收集、中转系统,对固体垃圾进行分类收集,并及时清运至市政垃圾处理厂。

6.6 围填海项目生态影响评估

6.6.1 水文动力环境影响评估

根据《围填海项目生态评估技术指南(试行)》的要求,水文动力环境影响评估,需依据围填海项目实施前后的水文动力观测资料,对比分析项目实施前后潮流(流速和流向)、潮位等特征值的变化。对位于河口的围填海项目,应分析项目实施前后对行洪安全的影响。同时,结合水文动力数值模拟进行对比分析。

6.6.1.1 工程前水文动力环境调查

(1) 实测海流分析

各站实测海流均表现为较强的往复性,海流主流向为偏 NE-SW 向,其中偏 NE 向为涨潮流向,偏 SW 向为落潮流向。

大潮期间,各站涨潮流平均流速的流向为偏 NE 向,在 4°~69°之间;落潮流平均流速的流向为偏 SW 向,在 144°~239°之间。小潮期间,各站涨潮流平均流速的流向在 8°~49°之间,落潮流平均流速的流向在 136°~228°之间。

最大涨、落潮流流向的变化与平均涨、落潮流的流向相似,最大涨潮流的流向为偏 NE 向,最大落潮流的流向为偏 SW 向。大潮期间,各站各层最大涨潮流向在 36°~60°之间,最大落潮流向在 212°~246°之间,各层最大涨、落潮流向较相似;小潮期间,各站各层最大涨、落潮流流向与大潮期相似,最大涨潮流向在 10°~82°之间,最大落潮流向在 206°~236°之间。

大潮期,位于菊花岛西北侧的 1# 站平均涨潮流流速略小于 2# 站,而平均落潮流流速略大于 2# 站;菊花岛东南侧的 3# 站涨、落潮流平均流速均大于 1#、2# 站。小潮期,各站涨、落潮流平均流速的分布及变化与大潮期相似。

（2）余流

大潮期，余流流速在 2.1～8.9 cm/s 之间，最大余流流速为 8.9 cm/s，流向为 38°、36°，出现在 1#站的表层和 0.6H 层；小潮期，余流流速在 4.4～21.7 cm/s 之间，最大余流流速为 21.7 cm/s，流向为 49°，出现在 3#站的表层。

大潮期，1#站余流流向为偏 NE 向，2#站为偏 E 向，3#站为偏 SW 向；小潮期，1#站余流流向为偏 NW 向，2#、3#站为偏 NE 向。

6.6.1.2　工程后水文动力环境调查

（1）实测流场分析

大潮期间各层次海流流速明显高于小潮期间对应层位，尤其是觉华岛以东开阔海域，大、小潮期流速差异尤为明显。表层和中层海流流速相近，但明显高于底层流速。

本海区海流流速受海岸、岛屿、浅滩地形的影响非常大，觉华岛以西海域海流流速明显低于觉华岛以东开阔海域。涨、落潮流主流向与岸线近平行，总体呈 NE—SW 向。

本海区海流受岛屿、浅滩地形束缚，潮流运动形式具有明显的空间分布特征。觉华岛与大陆之间的海流具有明显旋转特性，如 1#、2#两个站位。觉华岛以东开阔海域则表现为明显的往复流特征。

（2）实测最大涨、落潮流速、流向

① 大潮期

大潮期最大实测海流流速为 86.2 cm/s。其中，涨潮期间各站表层、中层和底层实测海流最大流速分别为 79.4 cm/s、86.2 cm/s 和 58.3 cm/s；落潮期间各站表层、中层和底层实测海流最大流速分别为 83.8 cm/s、68.3 cm/s 和 53.0 cm/s。本海域海流受岛屿、浅滩地形影响较大，总体来说，以觉华岛为界，西侧海域各站位实测最大海流流速相近，但明显低于东侧，涨潮流流速高于落潮流。

潮流自外海传入，觉华岛以东开阔海域最大实测涨潮流流向主要分布在 NE—ENE 向之间，最大实测落潮流流向主要分布在 SSW—SW 向之间，具有明显的规律性。觉华岛和大陆之间的 1#、2#两个站位受岛屿、浅滩地形影响最大，潮流运动形式有所变化，其最大实测涨、落潮流流向也明显发生变化。

② 小潮期

小潮期最大实测海流流速为 71.0 cm/s。其中，涨潮期间各站表层、中层和底层实测海流最大流速分别为 71.0 cm/s、69.1 cm/s 和 46.3 cm/s；落潮期间各站表层、中层和底层实测海流最大流速分别为 62.5 cm/s、64.4 cm/s 和 32.0 cm/s。与大潮期相比，各层最大实测海流流速明显降低，依然表现为涨潮流流速高于落潮流；流向空间分布特征与大潮期相似。

(3) 潮位和潮流的关系

除 1# 站位以前进波特性为主外，其他 5 个站位均以驻波特性为主，即高潮时刻前后涨潮流达最小，随着潮位下降落潮流逐渐增大，至半潮面附近落潮流增至最大，尔后，落潮流随潮位下降而逐渐减小，至低潮时刻前后落潮流达到最小。此后，随着潮位的上升涨潮流逐渐增大，至半潮面附近涨潮流达到最大，尔后，涨潮流随潮位上升而逐渐减小，至高潮时刻前后涨潮流达到最小，尔后进行循环。

总的来说，本海区具有前进波和驻波的混合特性，近岸海域潮波以前进波为主，外海潮波则更突显驻波特征。

(4) 平均涨、落潮流流速、流向

先将各站实测海流矢量按下式分解成东分量和北分量。

$$U_i = W_i \sin \theta_i \quad (6.6-1)$$
$$V_i = W_i \cos \theta_i, \quad i = 1, 2, 3, \cdots$$

式中：U_i 为第 i 小时流速的东分量；V_i 为第 i 小时流速的北分量；W_i 为第 i 小时的流速矢量；θ_i 为第 i 小时流向。

依据各站、层 M2 分潮流椭圆长轴所对应的方向，将其各加、减 90°，作为判别涨、落潮流的分界线。将涨、落潮流的东(北)分量值累加后求平均，便得到了平均流速的东(北)分量。之后，将东、北二分量合成，所得矢量即为涨、落潮流的平均流速。

① 大潮期平均涨、落潮流流速、流向

大潮涨潮期间，各站表层、中层、底层海流平均流速范围分别为 18.7～48.8 cm/s、16.6～46.9 cm/s、13.5～33.9 cm/s；落潮期间，各站表层、中层、底层海流最大流速范围分别为 14.2～46.5 cm/s、15.3～41.9 cm/s、10.9～30.1 cm/s。平均涨潮流流速明显高于平均落潮流流速。

与最大实测涨、落潮流流向一致，受海岛地形影响，大潮平均实测涨潮流流向主要分布在 NE—ENE 向之间，平均实测落潮流流向主要分布在 SSW—SW 向之间。1#、2# 两个站位处海流受地形影响较大，与其他站位相比，流向有所差别。

② 小潮期平均涨、落潮流流速、流向

与大潮期相比,小潮期各站、层海流平均流速明显降低,但平均涨潮流流速依然总体高于落潮流流速。小潮涨潮期间,各站表层、中层、底层海流平均流速范围分别为 10.0~32.0 cm/s、10.2~32.2 cm/s、9.5~21.1 cm/s;落潮期间,各站表层、中层、底层海流最大流速范围分别为 7.9~31.7 cm/s、5.4~25.8 cm/s、6.3~17.3 cm/s。

小潮期各站平均涨、落潮流流向与大潮期相近,总体而言,平均实测涨潮流流向主要分布在 NE—ENE 向之间,平均实测落潮流流向主要分布在 SSW—SW 向之间。1#、2# 两个站位处海流受地形影响较大,与其他站位相比,流向有所差别。

③ 垂线平均流速的计算

利用三次样条函数插值公式,求出各整点时刻流速的东、北分量值。

利用一元 n 点插值公式,可计算出垂线上拟定插值点某时刻的东、北分量值。各插值点的东(北)分量值累加求和后,再被插值点的总个数除,便得到了垂线平均流速的东(北)分量。之后,将东、北二分量合成,所得矢量即为某时刻的垂线平均流速(见式 6.6-2)。

$$\vec{V}t = \frac{\vec{V}_0 + \sum_{i}^{n} \vec{V}_i + \vec{V}_d}{n+2} \tag{6.6-2}$$

由各站的垂线平均流速,经计算得出大、小潮期各站垂线平均涨、落潮流流速。除小潮期 2# 站外,其他站位在大、小潮期均表现为涨潮流流速高于落潮流。

总的来说,调查海域涨潮流流速高于落潮流,垂向平均涨潮流流向主要分布在 NE—ENE 向之间,平均落潮流流向主要分布在 SSW—SW 向之间。海岛、浅滩等地形因素对觉华岛西侧海流流场分布影响较大。

(5) 潮流调和分析

本区海流主要由潮流和风海流组成,其中潮流占绝对优势。与潮流相比,平均季风生成的平均风海流其方向随季风变化,通常以"余流"形式表示,流速仅为实测流速的 10% 左右。

潮流调和分析的目的在于推算分潮的调和常数及分潮的椭圆要素,用以分析潮流性质和预报潮流。潮流调和分析按《海洋调查规范》中的标准方法进行。

分析结果表明,主太阴半日分潮流 M2 是本海区的优势分潮流。因此,各测站 M2 分潮流的椭圆长轴走向决定了本海区潮流的主流向。

① 潮流性质

潮流按其性质可分为正规的、非正规的半日潮流或全日潮流。其判别标准为全日潮流振幅之和 ($W_{O1}+W_{k1}$) 与主太阴半日分潮流振幅(W_{m2})之比值：

$$\frac{W_{O1}+W_{k1}}{W_{m2}} \leqslant 0.5，为正规半日潮流； \qquad (6.6-3)$$

$$0.5 < \frac{W_{O1}+W_{k1}}{W_{m2}} \leqslant 2.0，为非正规半日潮流。 \qquad (6.6-4)$$

2#站受岛屿、浅滩地形影响,潮型系数有所异常,其他站位潮型系数总体小于0.5,或近似于0.5。因此,调查海区总体属于正规半日潮流区。

② 潮流运动形式

鉴于本区太阴半日潮流占支配地位,因此可以用 M2 分潮流的椭圆率 ε(短半轴比长半轴)来判别潮流运动形式。1#、2#位(中、底)各层 M2 分潮流椭圆率明显高于其他 4 个站位,在 0.23~0.42 之间,说明海流以旋转流运动形式为主。其他 4 个站位 M2 分潮流椭圆率较小,均在 0.1 左右,说明海流呈明显的往复流特征。

总的来说,调查海域海流运动形式受岛屿、浅滩影响较大,觉华岛与大陆之间海域潮流以旋转流运动形式为主,觉华岛以东开阔海域,潮流则以往复流运动形式为主。

③ 余流

所谓余流通常指实测海流中去除潮流后剩余部分的总称。其中包括冲淡水流及风海流,也包括潮汐引起的长周期或定常的流动。大、小潮期最大余流流速为 9.48 cm/s,最小余流流速为 0.13 cm/s。各站、层余流总体小于 10 cm/s,余流较小。余流流向较紊乱,由于余流受制于当地地形及观测期间的风场,所以上述余流概况仅能代表观测期间的余流实况。

6.6.1.3 工程前后水文动力对比

工程前的 1#、3# 测站与工程后的 1#、5# 测站位置一致,可以看出(图 6.6-2),围填海建设后,工程东北侧的 1# 站位的实测涨潮流流向发生了变化,但流速没有明显变化;觉华岛东侧测站的实测流速、流向均没有明显变化。工程建设对潮流的影响仅限于工程附近海域,对觉华岛外侧海域无明显影响。

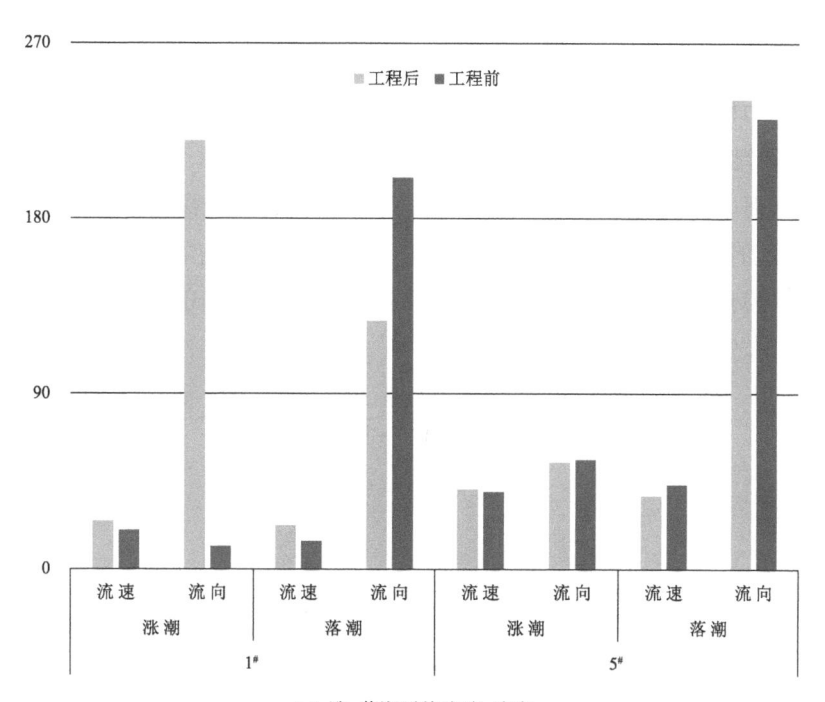

第 6 章　葫芦岛市兴城临海产业区生态评估与整治修复研究

(a) 涨、落潮平均流速、流向

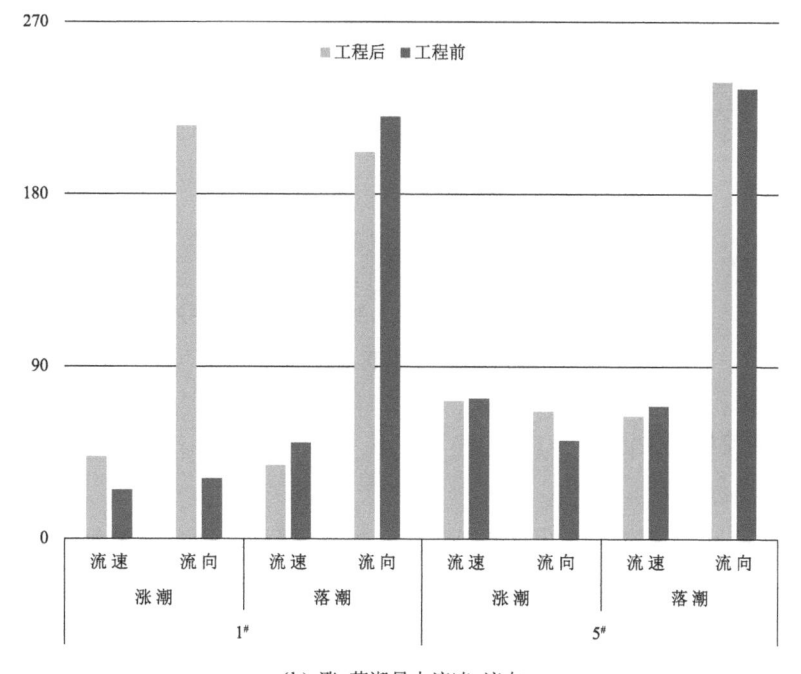

(b) 涨、落潮最大流速、流向

图 6.6-1　工程前后水文动力对比[流速:cm/s;流向:(°)]

6.6.1.4 水文动力环境影响数值模拟评价

水动力模型及控制条件参照 4.4.1.2 节。

2. 资料选取与控制条件

在浅海,流场预测一般采用二维模式。二维模型基于深度平均二维化的连续方程和动量方程,结合海区的实际初边值条件,通过数值方法求解。

整个模拟区域内由 24 523 个节点和 47 957 个三角单元组成,最小空间步长约为 10 m,分布见图 6.6-2。

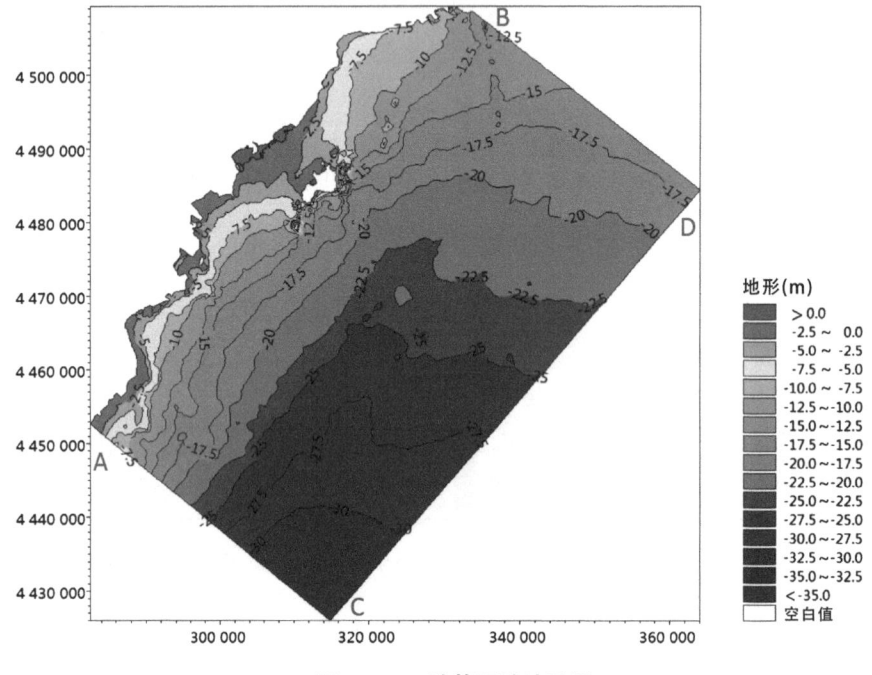

图 6.6-2 计算区域地形图

3. 潮流模型验证

(1) 潮位验证

工程海域的潮汐属于不规则半日潮。根据《海岸与河口潮流泥沙模拟技术规程》,本次验证高低潮时间的潮位、相位偏差都在 0.5 h 以内,高、低潮位值偏差亦基本在 10 cm 以内,计算和实测潮位过程的高、低潮位及过程线均符合良好。说明数学模型模拟的工程近岸及附近海域潮波运动与天然潮波运动基本相似,模型采用的边界控制条件及相关参数是合适的,地形概化正确,能够反映工

第 6 章　葫芦岛市兴城临海产业区生态评估与整治修复研究

程海域的潮波传递和潮波变形。从总的对比结果来看,潮位的模拟结果符合工程的精度要求(图 6.6-3)。

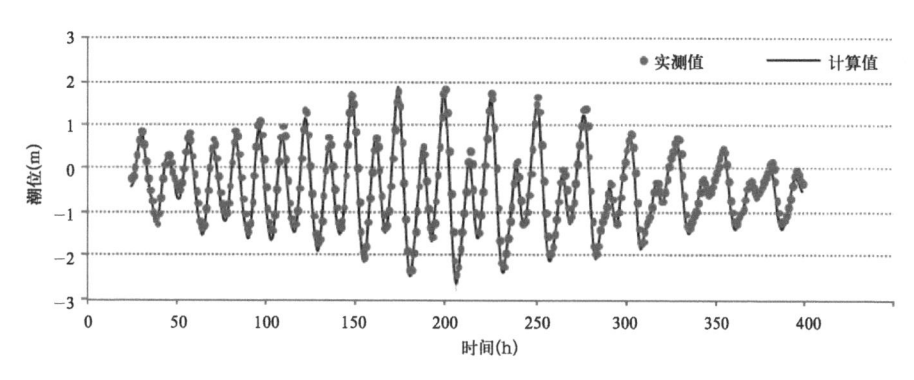

图 6.6-3　大、小潮期潮位验证曲线

（2）流速、流向验证

各验证点计算流速和实测资料吻合较好,最大误差小于 10%。验证结果符合《海岸与河口潮流泥沙模拟技术规程》要求,计算结果与实测憩流时间和最大流速出现的时间偏差小于 0.5 h,流速过程线的形态基本一致,涨、落潮段平均流速偏差小于 10%。表明所建二维数学模型能模拟工程海域水流传播过程和水流运动规律(图 6.6-4、图 6.6-5)。

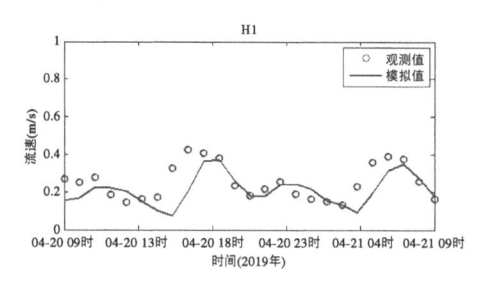

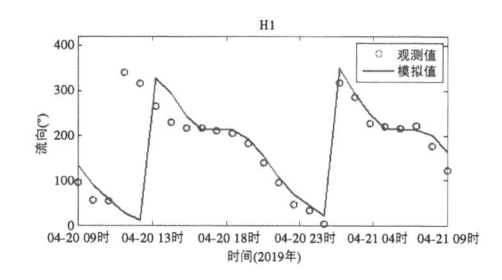

（a）H1 测点大潮期间流速、流向

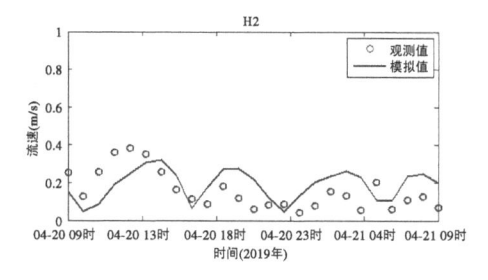

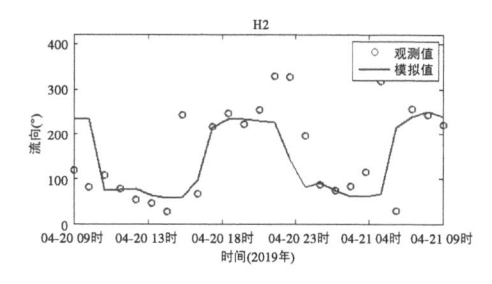

（b）H2 测点大潮期间流速、流向

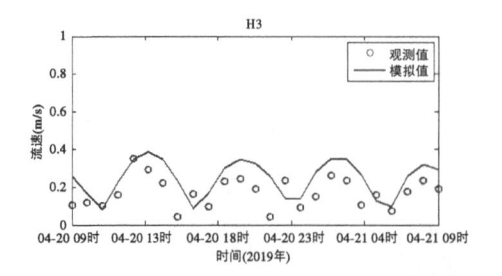

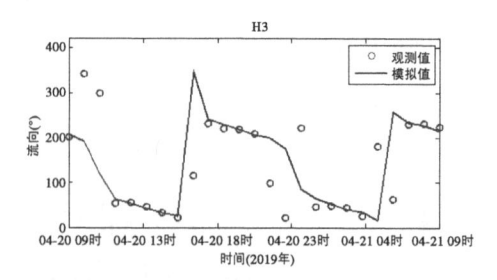

(c) H3 测点大潮期间流速、流向

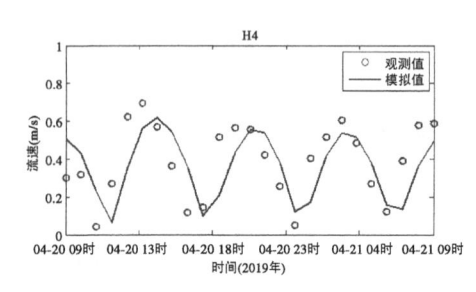

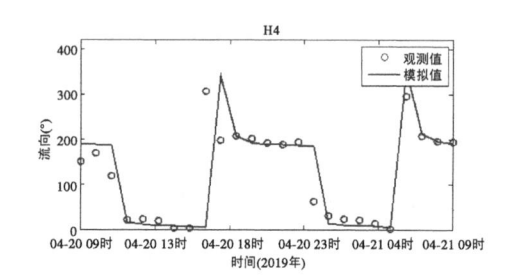

(d) H4 测点大潮期间流速、流向

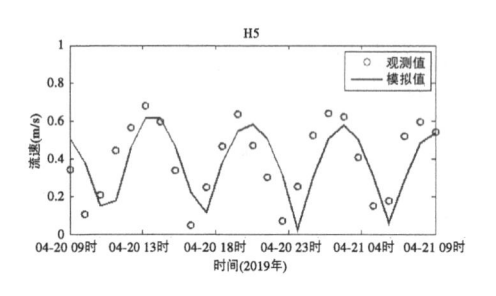

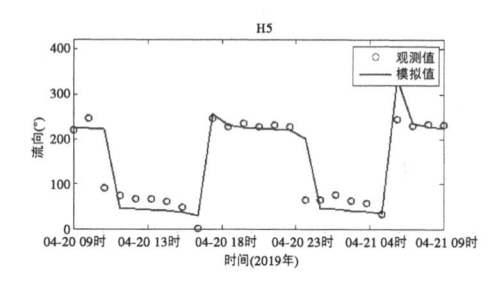

(e) H5 测点大潮期间流速、流向

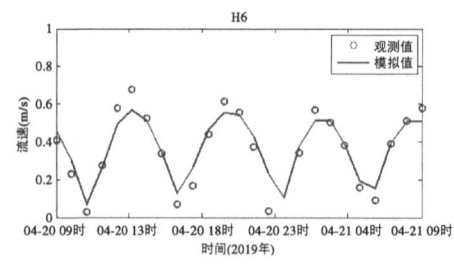

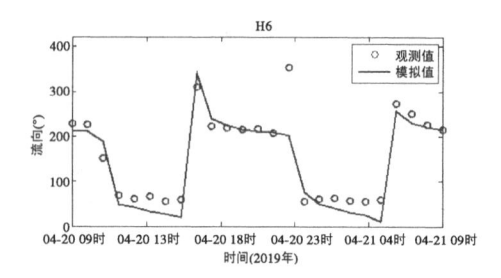

(f) H6 测点大潮期间流速、流向

图 6.6-4　大潮期间 H1~H6 测点流速、流向对比

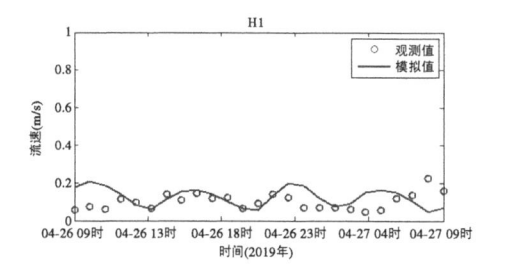

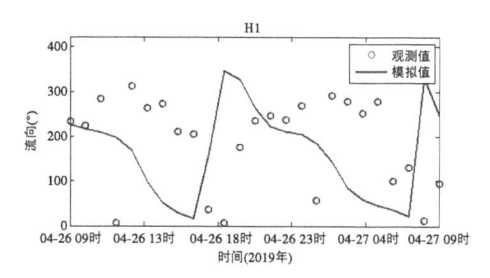

(a) H1 测点小潮期间流速、流向

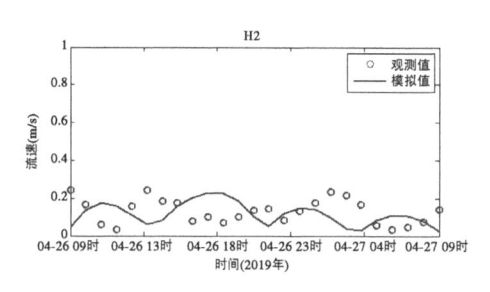

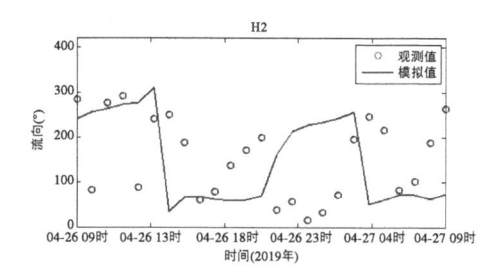

(b) H2 测点小潮期间流速、流向

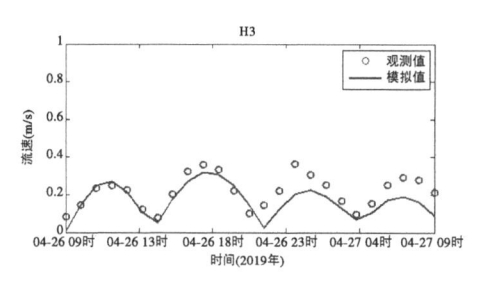

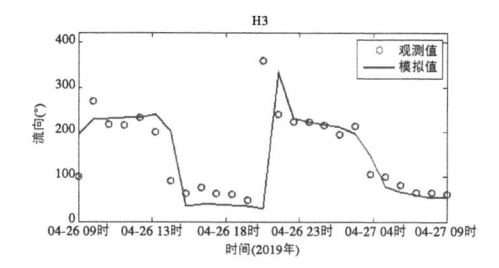

(c) H3 测点小潮期间流速、流向

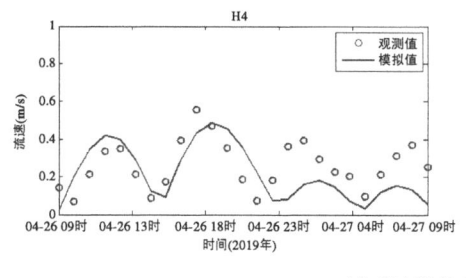

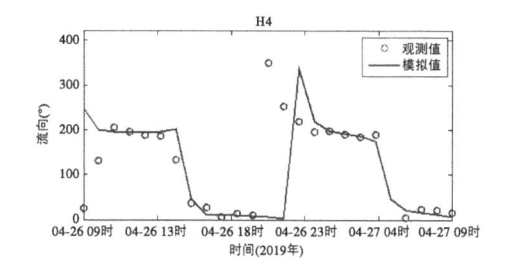

(d) H4 测点小潮期间流速、流向

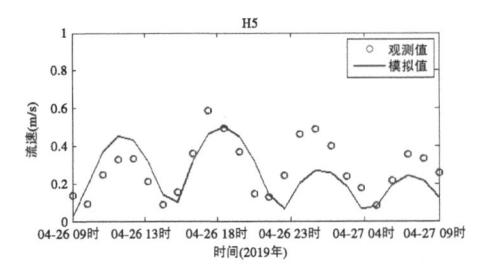

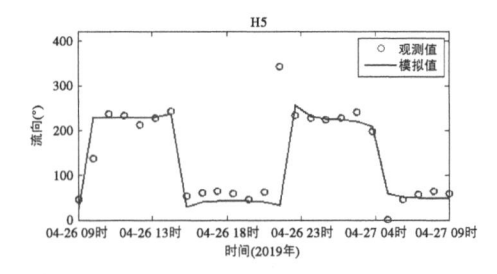

(e) H5 测点小潮期间流速、流向

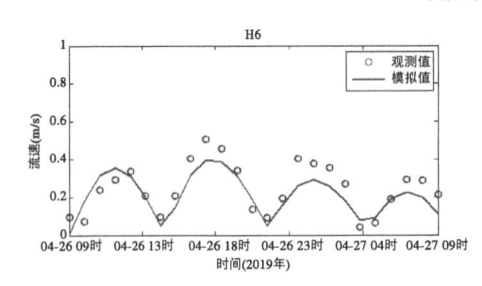

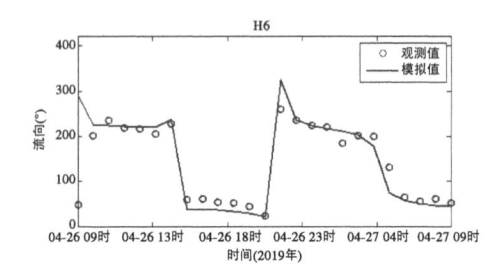

(f) H6 测点小潮期间流速、流向

图 6.6-5　小潮期间 H1～H6 测点流速、流向对比

4. 工程前海域潮流计算结果分析

工程前海域潮流计算结果见图 6.6-6～图 6.6-9。从图中可以看出：计算中虽然采用了不同尺度的网格，但整个计算域内，流场变化合理，无突变。该海域的潮汐为不规则半日潮，对应着每日两次的潮位；工程附近的潮流基本为往复流，主要为顺岸方向，在菊花岛附近，受岛屿阻隔，流向变化较复杂。

针对整体海域，涨潮时水体由渤海中部顺岸流向辽东湾顶，落潮时则从辽东湾顶流向渤海中部，工程附近基本为顺岸往复流；菊花岛以东受水深较深影响，涨落潮时流速较大，而菊花岛与近岸之间水深较小，且受菊花岛掩护影响，流速较小。辽东湾中部流速较大，约 0.8～1.0 m/s；近岸较小，在 0.5 m/s 以内。

针对工程局部，围填海工程位于近岸与菊花岛南部之间的区域，其中一半面积处于近岸滩涂上。涨潮时，水体从渤海中部流向菊花岛后，一部分从菊花岛西侧进入工程海域，另一部分从菊花岛东侧继续北上；受潮波传播较快的影响，使得东侧水体在流经菊花岛东北角时，一部分水体向东偏转，流向围填海工程北侧的滩涂，并与菊花岛西侧水体汇合，进而完成工程附近的漫滩过程。落潮时，工程海域水体则顺岸流向渤海中部，而工程北侧浅滩水体则分为两支，一支

第6章 葫芦岛市兴城临海产业区生态评估与整治修复研究

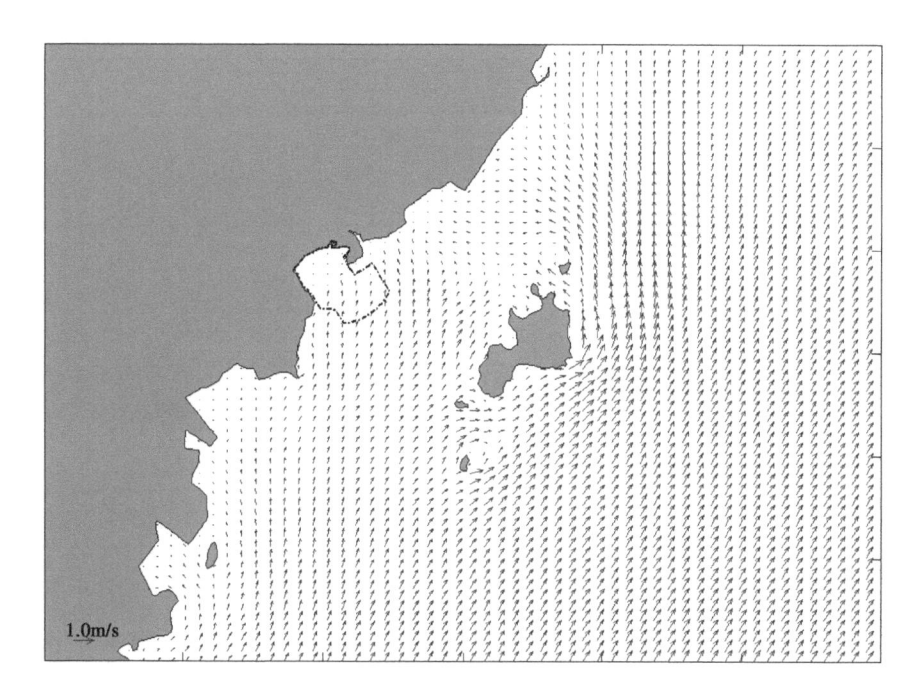

图 6.6-6 工程前整体海域大潮涨急时刻流场图

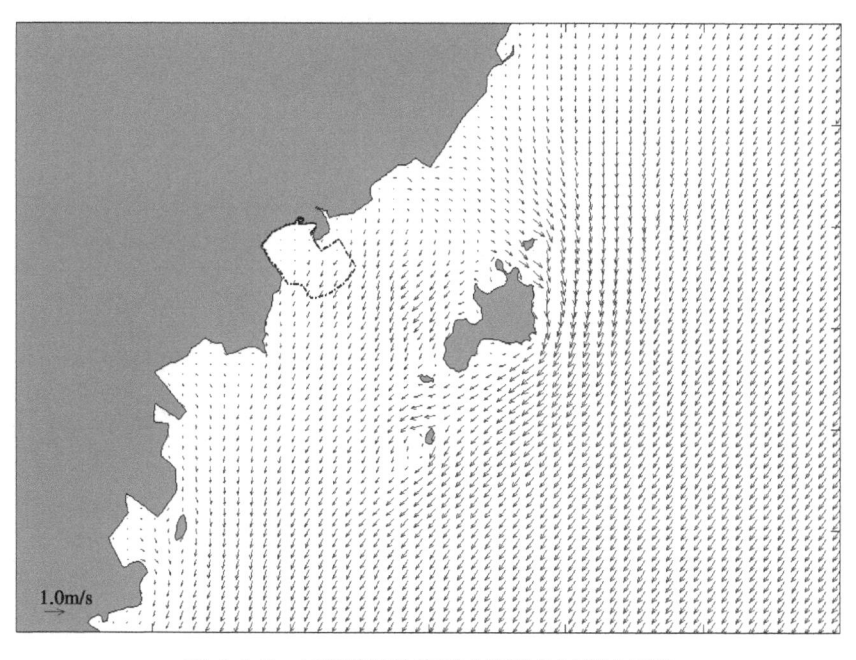

图 6.6-7 工程前整体海域大潮落急时刻流场图

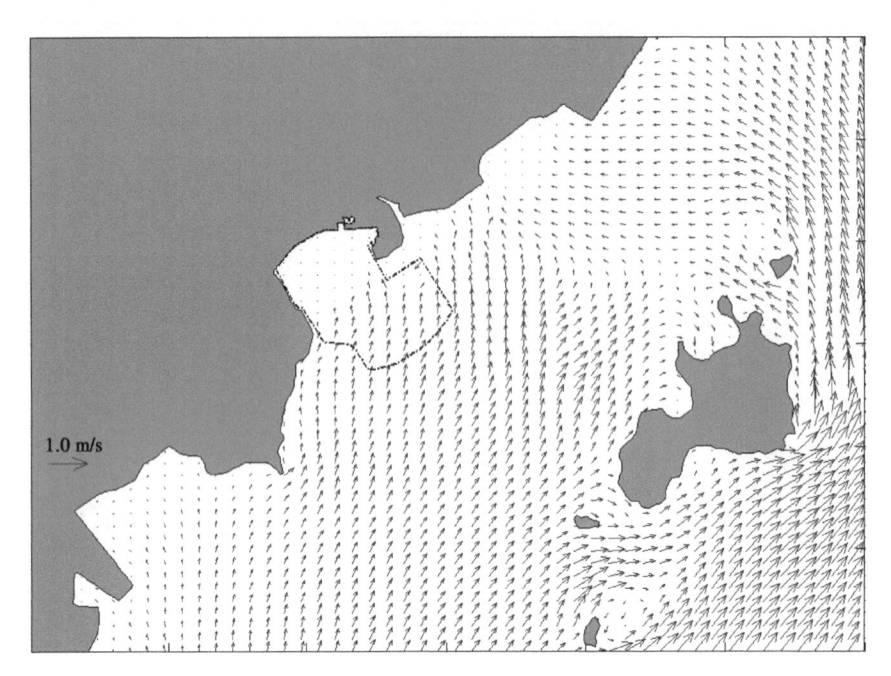

图 6.6-8　工程前局部海域大潮涨急时刻流场图

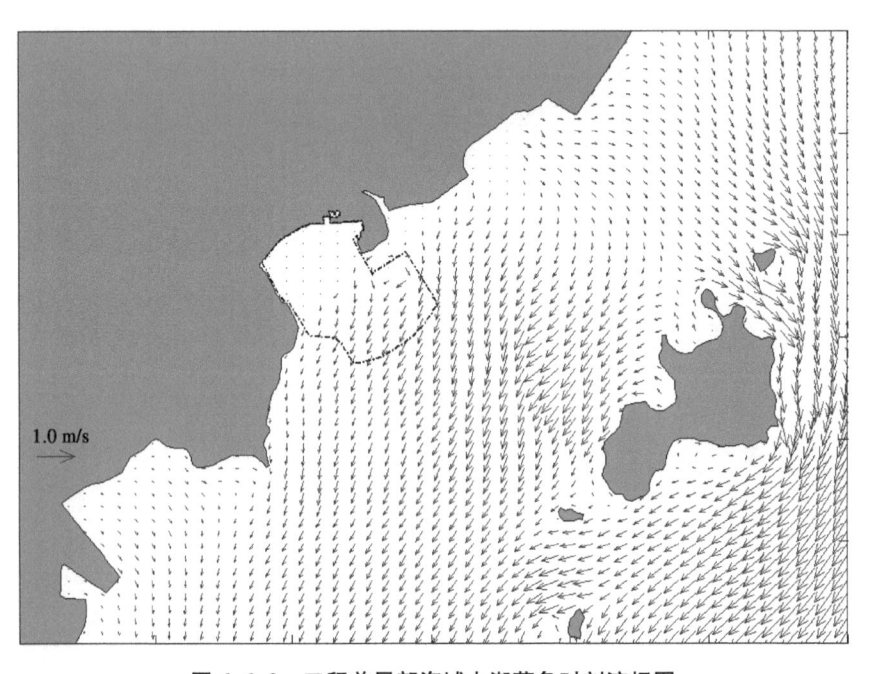

图 6.6-9　工程前局部海域大潮落急时刻流场图

顺岸流向工程附近及渤海中部,另一支则绕过菊花岛东北角,从岛西侧流向渤海中部。工程前,附近海域的流速在 0.3~0.5 m/s 之间,工程北侧浅滩流速在 0.5 m/s 以内,菊花岛西侧流速在 0.8 m/s 左右,菊花岛与近岸之间流速在 0.5 m/s 左右。

从潮汐、潮流的验证结果和不同时刻的流场分布图来看,数学模型能够比较真实地反映出工程未建时附近海域的流场情况,说明模型边界和参数的处理合理,模型可以用来进行工况的计算。

5. 工程后海域潮流计算结果分析

工程后海域潮流计算结果见图 6.6-10~图 6.6-13。工程位于菊花岛西南侧近岸局部,其近岸为落潮出露的滩涂。本围填海工程虽向海延伸约 2.5 km 的宽度,但其南侧存在一向海延伸的自然山体,而本围填海工程的延伸位置基本与其南侧山体相同,其对菊花岛东侧辽东湾中部大范围的整体潮流场的影响较小。工程后,渤海中部水体流向菊花岛附近后分为两支,西侧与近岸之间流速较小,东侧流速较大,且在菊花岛东北角附近向西偏转,整体流势与工程前基本相同。落潮时工程附近整体流场也与工程前基本相同。

本工程的实施主要对近岸工程附近的流速产生影响,造成围填海工程西南侧,即原柳河河口附近海域流速的显著减弱,以及工程东北侧局部海域流速的减弱;同时受边界挑流影响,工程的东侧及北侧近似直角边界处的流速略有增大,对菊花岛与近岸之间海域的流速略有影响,但未对菊花岛周边及其东侧海域流速产生影响。

工程附近流速较弱,工程后受填海边界约束的影响,工程附近涨落潮的流向基本顺工程边界,在边界拐角处出现挑流增大现象,但未出现明显的挑流漩涡,填海对附近潮流流向的影响主要是填海边界引起的流向改变,主要影响工程边界局部,对菊花岛与近岸之间的主涨落潮流向影响较小。

综上所述,本工程位于菊花岛西南侧近岸,受其阻流影响造成其西南侧及东北侧潮流阴影区域流速减弱,且西南侧更为明显;受直角边界挑流影响,局部流速略有增大;对菊花岛及其东侧外海整体潮流场基本无影响。

6. 工程前后的流速、流向变化分析

为定量分析工程实施对周边潮流的流速及流向的改变,图 6.6-14 和图 6.6-15 分别给出了工程前后大潮涨急和落急时刻的流速变化(工程后—工程前)。

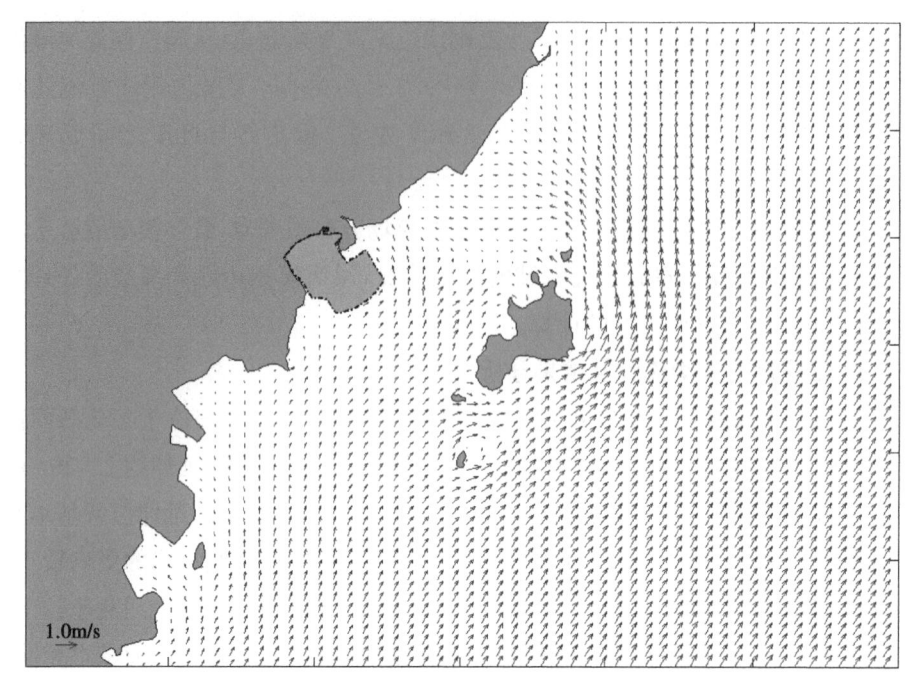

图 6.6-10　工程后整体海域大潮涨急时刻流场图

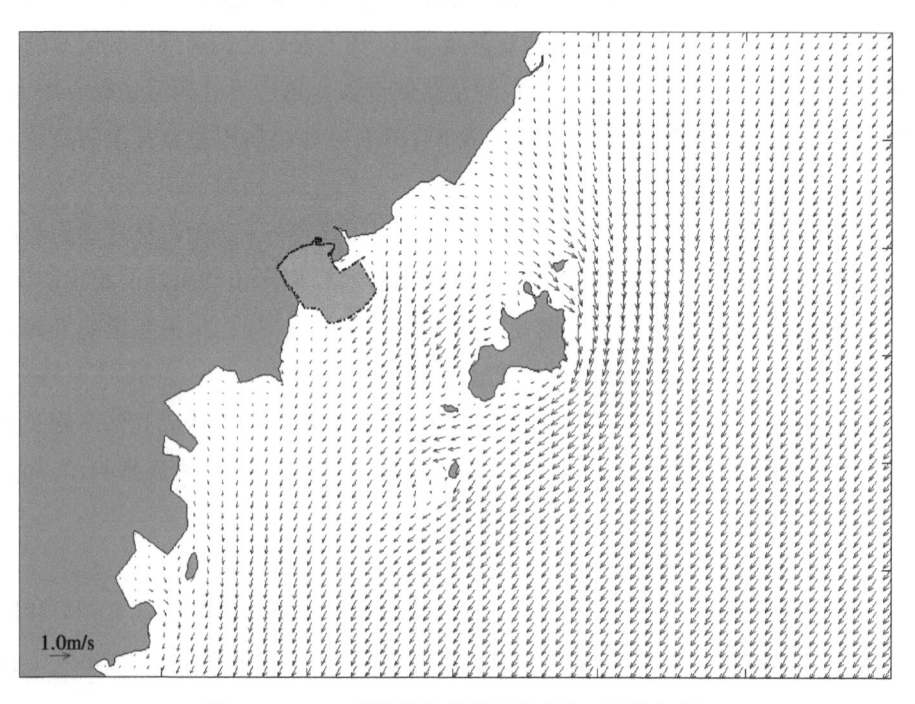

图 6.6-11　工程后整体海域大潮落急时刻流场图

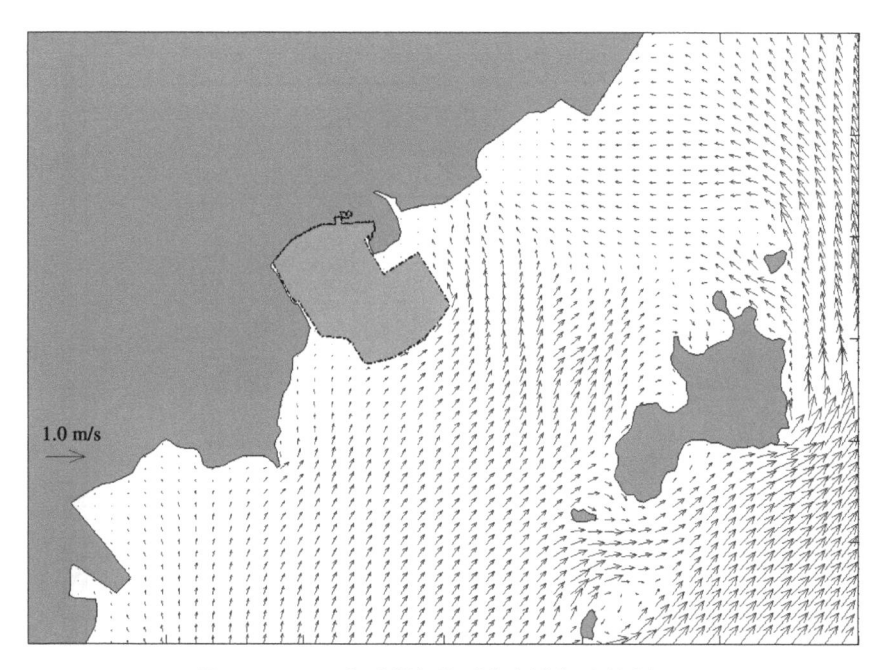

图 6.6-12　工程后局部海域大潮涨急时刻流场图

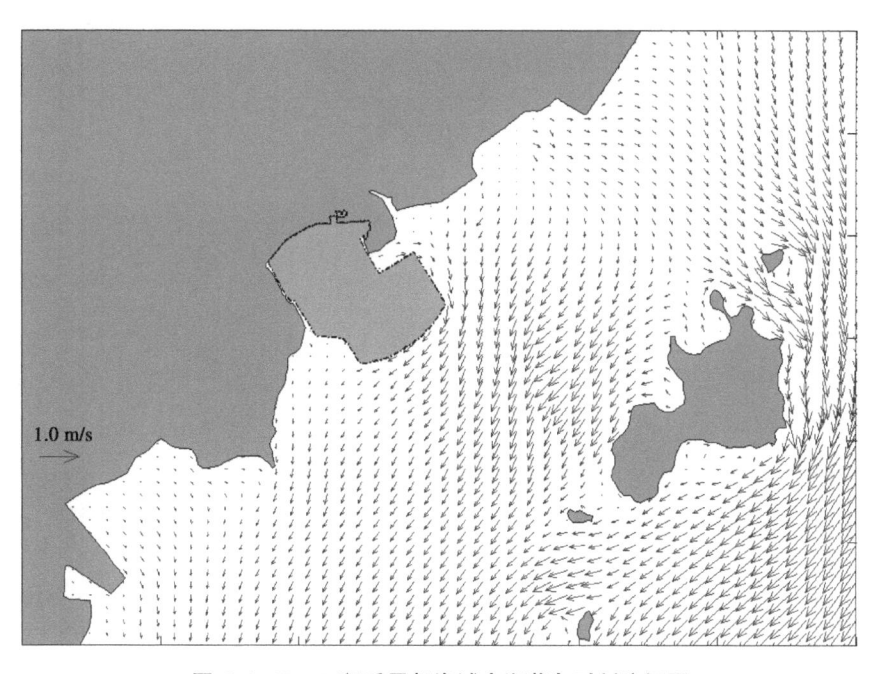

图 6.6-13　工程后局部海域大潮落急时刻流场图

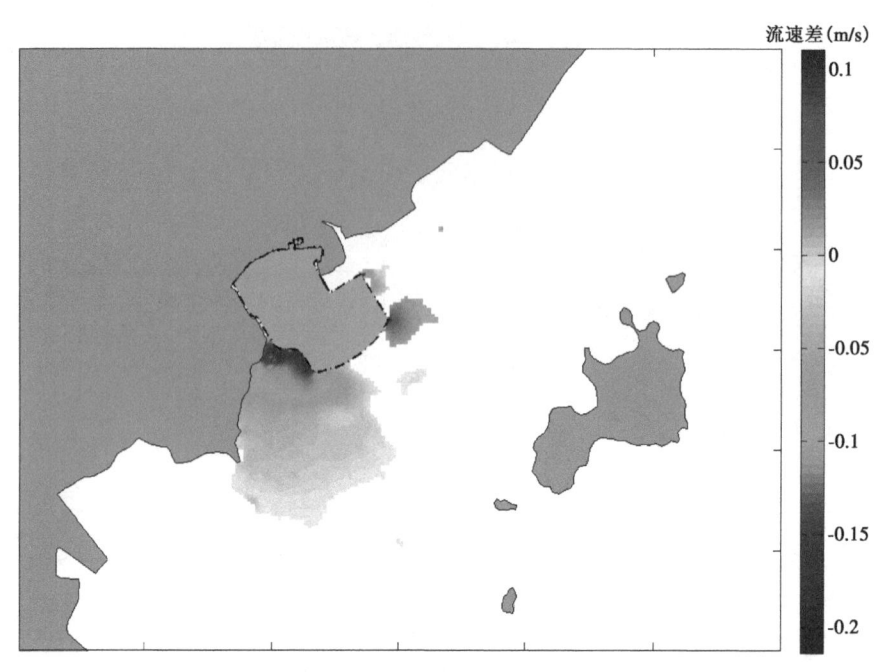

图 6.6-14　工程实施前后周边海域涨急时刻流速变化

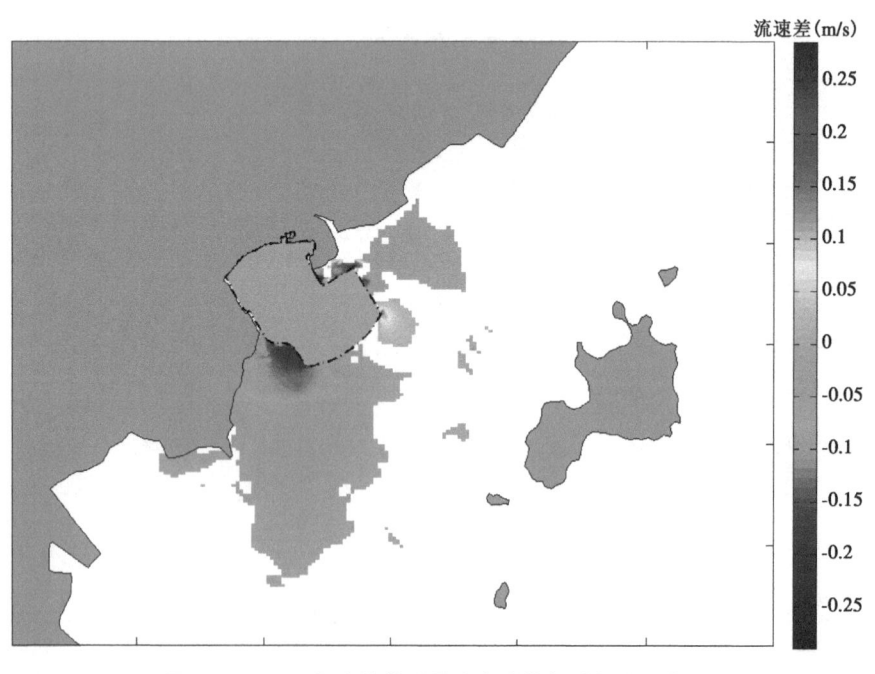

图 6.6-15　工程实施前后周边海域落急时刻流速变化

从上述数值对比结果可以看出：

工程实施后，流速明显增大的区域主要分布在填海工程东侧及北侧直角边界处，受边界挑流影响，涨、落急时刻的流速略有增大，约在 0.05～0.15 m/s 之间，且离填海工程越远其影响越小，离边界约 1 km 海域的流速变化仅在 0.01 m/s 左右。

工程实施后，流速明显减小的区域主要分布在填海工程西南侧及东北侧局部，尤其在西南侧其影响范围及影响程度均较大，主要是由于填海工程的阻流效应，两侧潮流阴影区流速明显降低，西南侧流速降低约 0.1～0.2 m/s，东北侧流速降低值在 0.1 m/s 以内，离工程越近其流速减弱越明显，离岸 5 km 以外流速减弱在 0.05 m/s 以内。

总体来看，工程实施后，主要对工程附近的近岸局部海域产生影响，未改变菊花岛周边及其东侧海域的整体涨、落潮趋势，工程外侧海域的潮流场流态在工程实施前后基本不变。受填海直角边界挑流影响，工程局部海域的流速略有增大；同时填海的向海凸起，形成明显的潮流阴影区，造成其西南及东北侧局部海域流速显著降低；流速减小的影响范围及程度均较大。在涨、落急时刻，工程实施后的潮流场流速减小在 0.2 m/s 以内，影响约 5 km 范围；潮流场流速增大在 0.15 m/s 以内，影响约 1 km 范围；流速变化主要分布在填海工程近岸，未影响到菊花岛及其东侧海域。

6.6.2 地形地貌与冲淤环境影响评估

6.6.2.1 工程前后水深地形对比

工程附近 2009—2019 年冲淤强度如图 6.6-16 所示。大部分海域冲淤强度在 0～5 cm/a 之间；工程东北侧的沿岸区域发生了一定程度的淤积，年均淤积量 5～23 cm；工程东南侧由于挑流作用发生了侵蚀，年均侵蚀量 5～25 cm；工程西南侧紧邻的沿岸区域发生了淤积，年均淤积量约 8 cm；测区西部的基岩岬角外侧发生侵蚀，年均侵蚀量约 18 cm，可能与当地其他项目的建设有关；觉华岛西侧呈带状淤积，向西南方向顺岸延伸，年均淤积量约 6～24 cm。

水深对比断面位置分布如图 6.6-17 所示，对比结果如图 6.6-18 所示。从自岸向海的淤蚀变化来看：断面 1 为侵蚀—淤积—侵蚀，断面 2 为淤积—侵蚀—淤积，断面 3、4 为淤积—侵蚀。

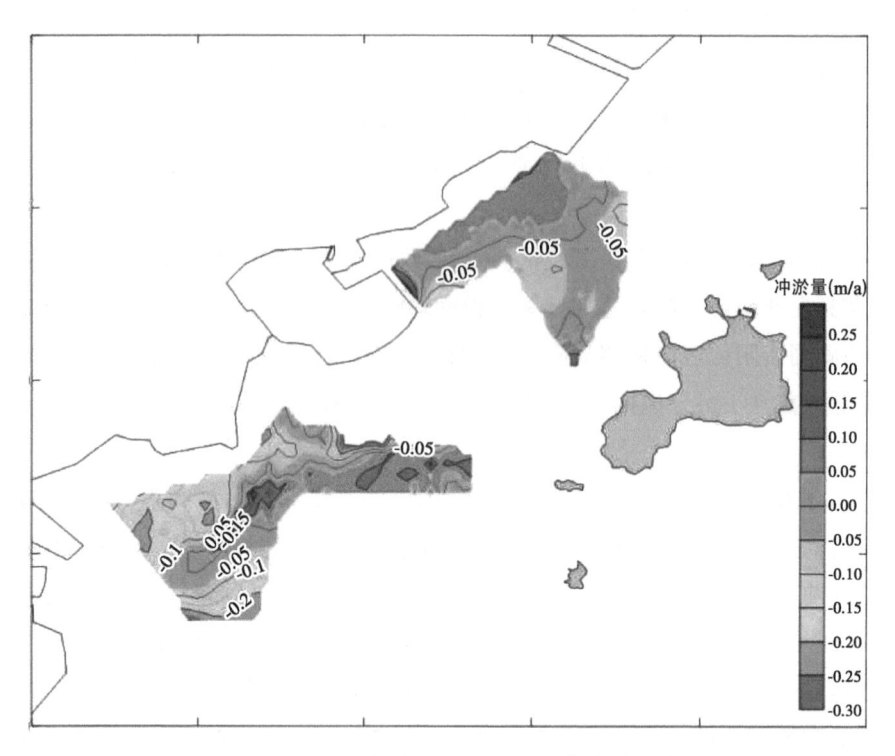

图 6.6-16 工程附近 2009—2019 年冲淤强度

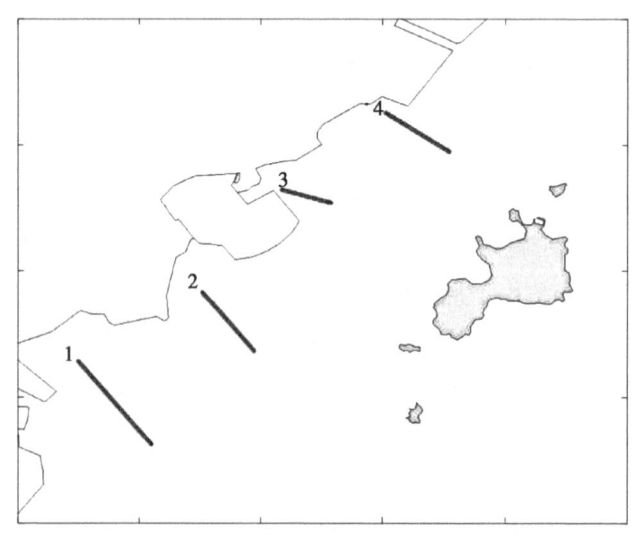

图 6.6-17 水深对比断面位置分布图

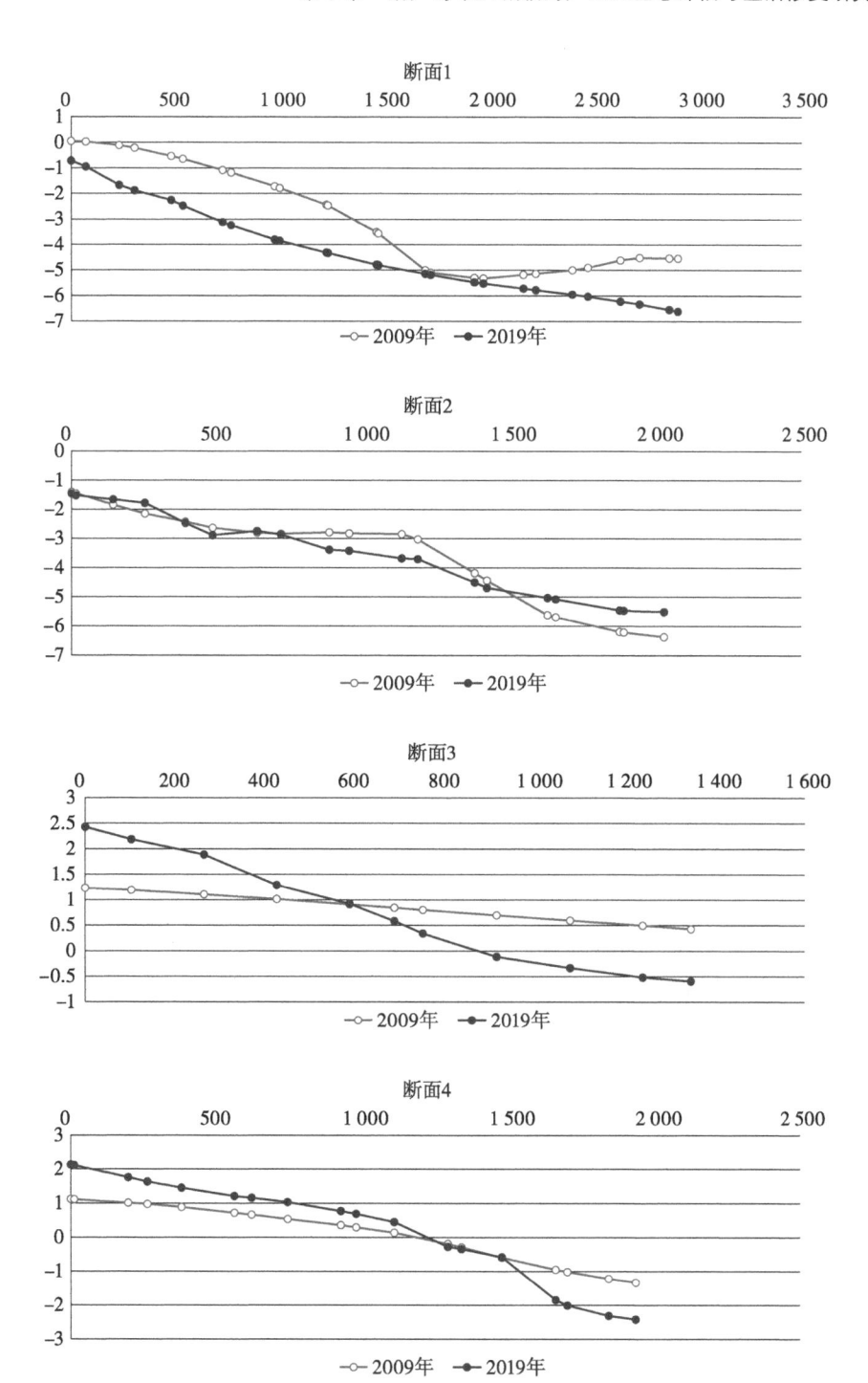

第6章 葫芦岛市兴城临海产业区生态评估与整治修复研究

图 6.6-18 断面水深变化对比(单位:m)

6.6.2.2 地形地貌冲淤环境预测与评价

周期性潮流会携带大量的泥沙输移,从而引起床面的冲淤变化,上述现象是一个复杂的物理过程。鉴于泥沙输移的复杂性和床面冲淤理论的经验性,首先采用床面冲淤计算半经验半理论公式分析工程实施后的冲淤变化。

1. 计算公式

根据泥沙运动理论中的输沙平衡原理,若只考虑潮流的挟沙能力 S^*,则可表示为

$$S^* = k\rho \frac{V^2}{gH} \quad (6.6\text{-}10)$$

式中:H 为实际水深;g 为重力加速度;k 为挟沙系数,取 $0.2 \sim 0.6$ 之间。在实际悬浮浓度大于 S^* 时,则发生泥沙沉降过程。若工程前泥沙处于冲淤平衡状态,那么由于工程后使部分水域流速衰减,导致挟沙能力的减弱而发生沉降。根据这一原理我们可以估算工程后泥沙冲淤厚度。

工程后海床地形的预测选用半经验半理论的回淤强度公式估算,具体如下:

$$\Delta H = h_1 - h_2 = \frac{\alpha\omega}{\gamma'_s}(S^* - S')\Delta t = \frac{\alpha\omega s \Delta t}{\gamma'_s}\left[1 - \left(\frac{v_2}{v_1}\right)^2\left(\frac{h_1}{h_2}\right)\right] \quad (6.6\text{-}11)$$

式中:v_1、v_2 分别为工程前后的流速;h_1、h_2 分别为工程前后的水深;S 为工程区域沿垂线平均含沙量;ω 为泥沙沉降速度;γ'_s 为泥沙干容重。

为了估算工程后的海床最终淤积量,对回淤强度方程进行求解,得到 H_2,经推导可得 ΔH 的解:

$$\Delta H = h_1 - h_2 = 0.5\left[(h_1 + \beta\Delta t) - \sqrt{(\beta\Delta t - h_1)^2 + 4\beta\Delta t K^2 h_1}\right]$$

$$(6.6\text{-}12)$$

式中:$\beta = \frac{\alpha\omega s}{\gamma'_s}$;$K = \frac{v_2}{v_1}$;$h_1$ 和 h_2 分别为工程前后的平均水深。

2. 参数计算

(1) 中值粒径

工程海域的表层沉积物主要为淤泥质混砂。泥沙模型中需要给出泥沙的组份、各自的比例及砂组份的中值粒径。根据 2015 年对工程海域潮间带和海域沉积物取样的粒度分析,可知:工程区沉积物平均粒径为 4.87ϕ,变化范围在

3.65~6.57φ之间,沉积物中的组份包括粉砂、砂和黏土,平均百分比分别为 54.8%、28.1%和17.1%。

(2) 悬沙浓度

该海域悬沙含量不高,根据冬季实测的大小潮的悬沙资料,海域内周日的悬沙平均含量在24~40 mg/L范围之内,随流变化不大,大小潮差异不大。潮滩淹没期间的悬沙含量比海域内的悬沙含量要高,周日平均值可达67 mg/L。

上述半经验半理论公式中:α为悬沙沉降概率,其值在0~1之间变化,考虑到冲刷、淤积计算上的简化,取值0.2~0.3;沉降速度ω取0.000 3 m/s;中值粒径d_{50}取平均值0.03 mm,可以得出$\gamma'_s=915.5$ kg/m³;悬沙浓度全潮平均含沙量取为0.035 kg/m³。

3. 冲淤计算结果

工程建设后附近海域的年冲淤变化计算结果如图6.6-19所示。围填海工程实施后,周边海域淤积程度增强,受围填海阻流影响,其西南及东北侧局部流速显著减弱,泥沙更易发生落淤。工程实施后,其北侧湾内及东北侧工程近岸淤积约5~6 cm左右,最大影响距离约2 km;而西南侧近岸即原柳河河口区域,工程后的淤积也明显增加,最大年淤积量在7 cm以上,淤积影响范围约5 km。填

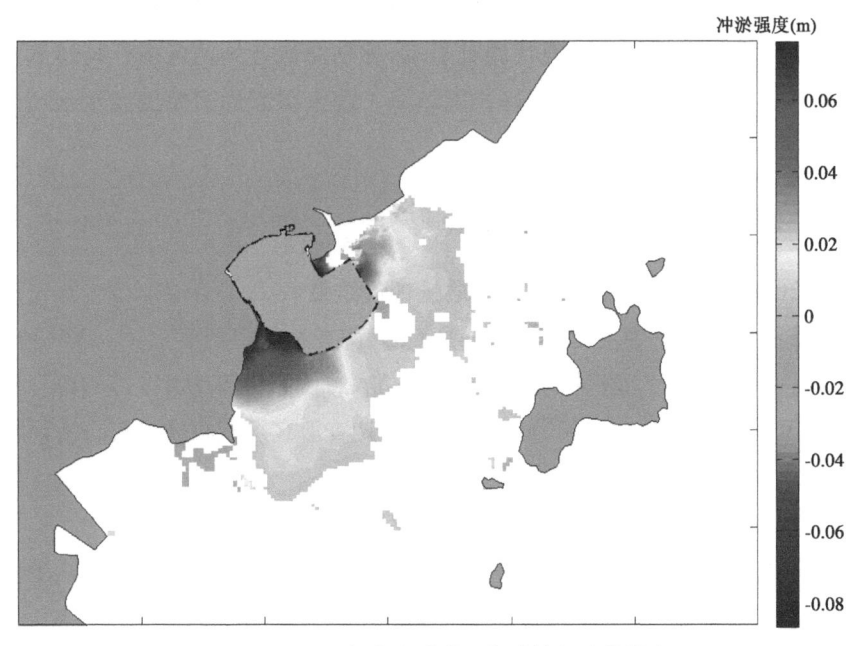

图6.6-19 工程建设后附近海域的年冲淤强度

海工程直角边界处受挑流影响,堤坝局部发生侵蚀,年侵蚀量在 5 cm 以内,但影响区域较小,仅 100~200 m 左右。工程的实施主要影响菊花岛西侧近岸区域,造成其淤积趋势进一步加重,而对菊花岛近岸及其东侧海域影响较小。

6.6.3 海水水质环境影响评估

为充分了解兴城临海产业区起步区围填海项目周边海域的海水水质、海洋沉积物质量、海洋生物生态等的状况,2019 年 4 月在围填海周边海域进行了海洋环境质量现状调查,同时收集了 2009 年 5 月在该海域的海洋生态环境调查资料。

1. 2009 年 5 月海水水质评价结果

调查海区只有一个站位的 pH 超标,为 8.97,其他因子均未超标。考虑到调查区域整体性海水环境质量良好,只有一个站位出现超标现象,认为发生了小概率事件,对海水环境总体评价为符合第二类海水水质标准。

2. 2019 年 4 月海水水质评价结果

评价海域各站位各指标均达到二类海水水质标准,该海域海水环境质量较好。

对比来看,围填海工程建设前,评估海域只有一个站位的 pH 超标,其余均达到第二类海水水质标准。现状调查显示,评估海域各站位各指标均达到二类海水水质标准,海水环境质量较好。围填海工程未引起周边海域海水水质的明显变化。

6.6.4 海洋沉积物环境影响评估

1. 2009 年 5 月 9 日海洋沉积物质量评价结果

调查海区沉积物中主要污染因子是 Cd。调查站位中的 2#、4#、18#、19# 和 20# 站位 Cd 含量高于沉积物质量第一类标准,站位超标率为 41.7%,符合沉积物质量第二类标准(1.5×10^{-6})。总体来看,调查海区沉积物质量符合海洋沉积物质量第二类标准,没能达到第一类质量标准。

2. 2019 年 4 月 2 日海洋沉积物质量评价结果

项目周边海域海洋沉积物质量良好,沉积物各评价因子均达到了一类海洋沉积物质量标准。

对比来看,围填海工程前,评估海域的主要污染因子是 Cd,站位超标率为

41.7%,污染指数最大为 1.32,其余各站位各评价因子均达到一类沉积物质量标准。围填海工程后,评估海域海洋沉积物各站位各评价因子均达到一类沉积物质量标准,镉的污染指数最大为 0.9。工程后周边海域沉积物质量较工程前有所改善。围填海工程对周边海域海洋沉积物未造成明显影响。

6.6.5 海洋生物生态环境影响评估

6.6.5.1 海洋生态影响评估

依据《海洋监测规范 第 7 部分:近海污染生态调查和生物监测》附录 B"污染生态调查资料常用评述方法"中的方法,进行如下参数统计。

(1) 香农-韦弗(Shannon-Weaver)多样性指数

$$H' = -\sum_{i=1}^{S} P_i \log_2 P_i \tag{6.6-13}$$

式中:H' 为种类多样性指数;S 为样品中的种类总数;P_i 为第 i 种的个体数 (n_i) 与总个体数 (N) 的比值 $\left(\dfrac{n_i}{N} \text{ 或 } \dfrac{w_i}{W}\right)$。

(2) 均匀度(Pielou 指数)

$$J = \frac{H'}{H_{\max}} \tag{6.6-14}$$

式中:J 为均匀度;H' 为前式计算的种类多样性指数值;$H_{\max}$ 为 $\log_2 S$,表示多样性指数的最大值,S 为样品中总种类数。

(3) 优势度

$$D = \frac{N_1 + N_2}{NT} \tag{6.6-15}$$

式中:D 为优势度;N_1 为样品中第一优势种的个体数;N_2 为样品中第二优势种的个体数;NT 为样品中的总个体数。

(4) 丰度

$$d = \frac{S - 1}{\log_2 N} \tag{6.6-16}$$

式中:d 为丰度;S 为样品中的种类总数;N 为样品中的生物个体数。

叶绿素 a 按照公式 $C_{\text{Chl}_a} = (11.85E_{664} - 1.54E_{647} - 0.08E_{630}) \times V_1/V_2$ 进行计算,式中,C_{Chl_a} 为叶绿素 a 的浓度(μg/L);V_1 为提取液的体积(mL);V_2 为过滤海水的体积(L);E_{664}、E_{647} 和 E_{630} 分别为不同波长处 1 cm 光程经浊度校正后的消光值。

1. 2008 年 4 月海洋生态调查结果

(1) 浮游植物

2008 年 4 月,浮游植物的多样性指数 H' 范围在 0.36~2.14 之间,平均值为 1.15;均匀度指数 J 范围在 0.11~0.48 之间,平均值为 0.28;丰度指数 d 范围在 0.41~1.17 之间,平均值为 0.81;优势度 D 范围在 0.492~0.956 之间,平均值为 0.782(表 6.6-1)。

2008 年 4 月,多样性指数 H' 处于低值,均匀度 J 处于低等水平,丰度 d 处于中等水平,说明春季该海域浮游植物种间分布不均匀,生态环境受到轻度污染。

表 6.6-1 浮游植物综合性指数值统计

站位	综合性指数			
	H'	J	D	d
S1	1.11	0.35	0.829	0.42
S2	0.36	0.11	0.956	0.41
S3	2.14	0.48	0.492	1.17
S4	0.48	0.11	0.945	0.93
S5	1.52	0.36	0.742	0.82
S6	1.16	0.27	0.822	0.87
S7	1.97	0.46	0.533	1.04
S8	0.45	0.11	0.878	0.84
S9	1.18	0.28	0.843	0.83
平均值	1.15	0.28	0.782	0.81

(2) 浮游动物

2008 年 4 月,浮游动物的物种多样性指数 H' 平均值为 2.59,物种丰度指数 d 平均值为 1.06,物种均匀度指数 J 平均值为 0.66,优势度指数 D 平均值为 0.55,反映出该海区中浮游动物群落结构成熟、稳定,水质状况良好(表 6.6-2)。

表6.6-2　浮游动物综合性指数值统计

站位	综合性指数			
	H'	d	J	D
S1	2.48	1.01	0.59	0.63
S2	2.53	1.03	0.58	0.61
S3	2.68	1.10	0.72	0.45
S4	2.72	1.05	0.69	0.48
S5	2.34	1.06	0.65	0.56
S6	2.64	1.08	0.68	0.52
S7	2.54	1.07	0.62	0.58
S8	2.58	1.09	0.69	0.54
S9	2.78	1.08	0.74	0.56
平均值	2.59	1.06	0.66	0.55

（3）底栖生物

春季，各站位底栖生物的物种多样性指数 H' 范围在 0.76～2.84 之间，平均值为 2.02；物种均匀度指数 J 在 0.33～0.95 之间，平均值为 0.73；物种丰度指数 d 在 1.00～2.65 之间，平均值为 1.71；优势度指数 D 在 0.23～0.85 之间，平均值为 0.64（表 6.6-3）。

表6.6-3　底栖生物综合性指数值统计

站位	综合性指数			
	H'	J	d	D
S1	0.76	0.33	1.00	0.23
S2	2.84	0.95	2.65	0.85
S3	2.32	0.87	1.65	0.76
S4	2.52	0.90	1.89	0.80
S5	1.45	0.48	1.48	0.44
S6	2.20	0.87	1.56	0.78
平均值	2.02	0.73	1.71	0.64

2. 2019 年 4 月海洋生态调查结果

(1) 叶绿素 a

调查海域叶绿素平均值为 1.26 ug/L(范围是 0.43～3.27 ug/L),其中 9#站位叶绿素 a 值最高,1#站位叶绿素 a 值最低。

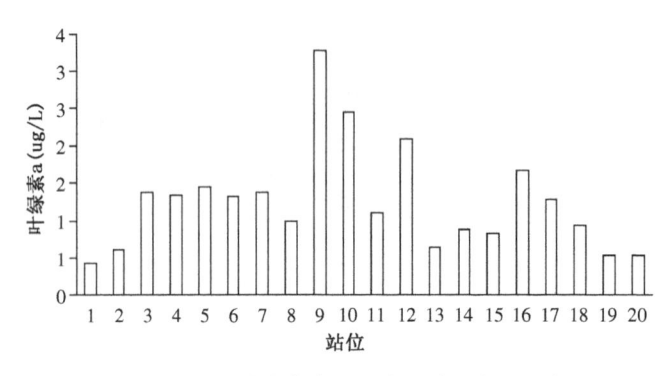

图 6.6-20　兴城临海产业区海域叶绿素 a 分布图

(2) 浮游植物

浮游植物物种数较少、数量较多、多样性指数较低、各物种数量欠均衡,浮游植物群落组成为典型的北方海域种类。

调查海域浮游植物物种数介于 8～14 种之间,其中 13#站位物种数最低,2#站位物种数最高。多样性指数在 0.20～2.61 之间变动,平均值为 1.27;多样性指数最高的是 2#站位,最低的是 12#站位。均匀度在 0.06～0.69 之间,平均值为 0.37;均匀度最高的是 2#站位,最低的是 12#站位。丰度指数在 0.35～0.68 之间,平均值为 0.48;丰度指数最高的是 2#站位,最低的是 13#站位(表 6.6-4)。

表 6.6-4　调查海域浮游植物群落特征值统计表

站位	H'	J	d	种类数 S
2	2.61	0.69	0.68	14
4	0.36	0.10	0.55	13
5	1.56	0.43	0.51	12
7	1.33	0.38	0.48	11
9	1.32	0.37	0.52	12
10	1.34	0.39	0.48	11

续　表

站位	H'	J	d	种类数 S
12	0.20	0.06	0.45	11
13	1.07	0.36	0.35	8
14	2.17	0.68	0.42	9
15	1.54	0.48	0.40	9
18	1.32	0.38	0.50	11
20	0.48	0.14	0.40	10
平均值	1.27	0.37	0.48	11
最小值	0.20	0.06	0.35	8
最大值	2.61	0.69	0.68	14

(3) 浮游动物

大网网样,各站位浮游动物多样性指数在 0.50～1.90 之间,平均值为 1.10。均匀度指数在 0.21～0.68 之间,平均值为 0.42。丰度指数在 0.35～0.81 之间,平均值为 0.61。多样性指数在 2#站最高,在 13#站最低。均匀度指数在 2#站最高,在 12#站最低。丰度指数在 14#站最高,在 13#站最低。

中网网样,各站位浮游动物多样性指数在 1.62～3.04 之间,平均值为 2.43。均匀度指数在 0.60～0.84 之间,平均值为 0.75。丰度指数在 0.43～1.29 之间,平均值为 0.82。多样性指数在 4#站最高,在 2#站最低。均匀度指数在 5#站最高,在 18#站最低。丰度指数在 4#站最高,在 2#站最低(表 6.6-5)。

表 6.6-5　浮游动物群落特征指数

站号	大网			中网		
	H'	J	d	H'	J	d
2	1.90	0.68	0.72	1.62	0.70	0.43
4	0.69	0.25	0.72	3.04	0.78	1.29
5	1.36	0.45	0.69	2.66	0.84	0.73
6	0.84	0.36	0.43	2.72	0.82	0.83
7	1.86	0.66	0.73	2.34	0.74	0.64
10	1.56	0.56	0.76	2.23	0.74	0.69

续 表

站号	大网			中网		
	H'	J	d	H'	J	d
12	0.55	0.21	0.58	3.03	0.82	1.19
13	0.50	0.25	0.35	2.05	0.65	0.82
14	1.01	0.30	0.81	2.64	0.83	0.74
15	0.74	0.32	0.45	2.67	0.77	0.95
18	1.07	0.46	0.51	1.70	0.60	0.71
20	1.12	0.48	0.58	2.46	0.74	0.87
平均值	1.10	0.42	0.61	2.43	0.75	0.82
最小值	0.50	0.21	0.35	1.62	0.60	0.43
最大值	1.90	0.68	0.81	3.04	0.84	1.29

(4) 底栖生物

大型底栖动物总生物量(湿重)平均为 53.9 mg/m³,各站位生物量波动范围在 16.0~168.0 mg/m³ 之间;总栖息密度平均值为 493 ind./m³,栖息密度波动范围在 185~1 280 ind./m³ 之间;各站位大型底栖生物多样性指数在 2.19~3.38 之间,平均值为 2.69;均匀度指数在 0.73~0.90 之间,平均值为 0.84;丰度指数介于 0.66~1.45 之间,平均值为 0.95;物种数介于 6~16 种之间(表 6.6-6)。

表 6.6-6 调查海域大型底栖生物群落结构特征

站位	栖息密度 (ind./m²)	生物量 (g/m²)	H'	J	d	物种数 S
2	435	22.6	2.45	0.87	0.68	7
4	485	52.3	3.23	0.90	1.23	12
5	320	16.3	2.19	0.78	0.72	7
6	455	35.0	2.86	0.86	1.02	10
7	185	17.4	2.20	0.85	0.66	6
10	520	44.4	2.92	0.88	1.00	10
12	1280	149.4	3.38	0.84	1.45	16
13	250	17.9	2.40	0.85	0.75	7

续　表

站位	栖息密度（ind./m²）	生物量（g/m²）	H'	J	d	物种数 S
14	240	16.0	2.68	0.89	0.89	8
15	765	62.3	2.31	0.73	0.84	9
18	450	45.3	2.92	0.88	1.02	10
20	530	168.0	2.70	0.78	1.10	11
平均值	493	53.9	2.69	0.84	0.95	9
最小值	185	16.0	2.19	0.73	0.66	6
最大值	1 280	168.0	3.38	0.90	1.45	16

综上所述，与工程实施以前相比，工程实施后，浮游植物种类数量有所减少，但细胞数量增加；浮游动物物种数和个体数量有所减少，生物量有大幅增加，优势种大致相同；底栖生物物种数和生物量有较大增加，栖息密度略有降低。总体来看，工程前后海洋生物生态有一定改变，但程度不大。

6.6.5.2　鱼卵、仔鱼

（1）2008年5月调查结果

2008年5月份共采获鱼卵200粒，其中水平拖网191粒，垂直拖网9粒；共鉴定出鱼卵11种，其中小黄鱼47粒，叫姑46粒，青鳞鱼32粒，黄姑28粒，斑鰶23粒，赤鼻棱鳀9粒，鲕4粒，蓝点马鲛4粒；共采获仔鱼2尾，水平拖网和垂直拖网各1尾，经鉴定为斑鰶和安氏新银鱼。

（2）2019年4月调查结果

2019年4月2日，调查未发现鱼卵和仔鱼，可能与鱼类尚未进入产卵期有关。

对比来看，因现状调查时为4月初，可能因鱼类尚未进入产卵期而未发现鱼卵和仔鱼，未能评估工程前后鱼卵、仔鱼生态变化状况。

6.6.5.3　海洋生物质量

1. 2007年8月海洋生物质量评价结果

毛蚶和杂色蛤体内镉、铜和石油烃的评价标准指数均小于1.0，符合《海洋生物质量》中的第一类标准。而铅和砷在杂色蛤、毛钳体内皆超一类标准，毛钳体内的锌也超一类标准，可见评价海域中的海洋生物受到了一定的污染。

2. 2019 年 4 月海洋生物质量评价结果

项目周边海域海洋生物体质量良好，生物体质量的各评价因子均达到了一类海洋生物体质量标准。

对比可以看出，围填海工程前附近海域海洋生物受到了一定的污染，主要污染物为铅、砷和锌，围填海后现状调查未出现生物质量超标的现象。围填海工程未引起周边海域海洋生物质量恶化。

6.6.6　生态敏感目标影响评估

6.6.6.1　对水产养殖的影响

项目施工时，周边盐田、养殖区等已经进行了拆迁补偿或国有收回，没有产生影响。根据现状养殖分布情况，工程东侧和南侧近距离内的开放式养殖自 2014 年之后才申请养殖用海，而海防堤在 2010 年就已形成。工程所处海域现状海水水质达到二类水质要求。工程建设对水产养殖没有产生明显影响。

6.6.6.2　对生态红线区的影响

评估围填海没有占用菊花岛生态红线区，没有建设连岛构筑物，对菊花岛海岛岸线、岛礁资源和景观资源无直接影响。现状环境质量调查显示，菊花岛周边海水水质达到二类水质要求，工程建设没有引起菊花岛水质的恶化。评估围填海建设使菊花岛与大陆之间水道的水文动力和冲淤环境发生一定改变，根据评估结果，水道北部基本保持冲淤平衡，水道南部产生一定程度的侵蚀，不会导致菊花岛连陆。因此，评估填海区建设对菊花岛生态红线区影响不大。

6.6.6.3　对生态红线区砂质岸线及附近海域和自然岸线的影响

评估围填海中，目录编号 211481-0195 图斑的小部分进入兴城海水浴场限制开发区（砂质岸线及邻近海域，砂质岸线的 500 m 扩展范围），进入部分为已确权的兴城临海产业区起步区海防堤工程（国海证 2014B21148113350 号）和已批复的兴城临海产业区起步区区域建设用海总体规划（国海管〔2010〕255 号）内的道路公共用海。评估围填海未占用该段砂质岸线，未改变该段砂质岸线的自然属性，符合兴城海水浴场管控措施。

6.6.6.4　施工悬浮泥沙影响分析

评估围填海处于已确权的兴城临海产业区起步区海防堤工程内侧，2010 年

6月外围堤坝已经建成,在《辽宁省渤海海域海洋生态红线区规划》实施(2014年4月)之前。围填海施工悬浮泥沙未对海洋生态红线区产生影响。

6.6.7 其他影响评估

6.6.7.1 对河道行洪的影响评估

工程西侧河流为贾河(又称柳河),属季节性河流,除雨季外基本无地表径流,其入海口位于西侧海防堤与现状岸线之间,本项目建设时预留了水道。

6.6.7.2 对滨海大道北侧工厂化养殖的影响评估

评估围填海北侧为兴城现代渔业园区,主要通过抽取地下半咸水进行工厂化养殖。根据现场勘查结果,工厂化养殖排水通过排水沟渠向东南排放,至滨海大道下方采用暗涵型式,过滨海大道后通过排水沟渠,向南最终流入兴城近岸海域。排水渠道畅通,围填海工程没有影响工厂化养殖的排水。

6.7 围填海项目生态损害评估

6.7.1 海洋生态系统服务价值的损害评估

生态系统服务功能是指生态系统与生态过程所形成及维持的人类赖以生存的自然环境条件与效用。它不仅为人类提供了食品、医药及其他生产原料,还创造和维持了地球生命系统,形成人类生存所必需的环境条件。生态系统服务功能的内涵可以包括有机质生产与合成、生物多样性的产生与维持、调节气候、营养物质贮存与循环、环境净化与有害有毒物质的降解、有害生物的控制、减轻自然灾害等许多方面。

根据《海洋生态资本评估技术导则》和国内外的相关研究,将围填海的生态系统服务价值损失归纳为海洋供给服务评估、海洋调节服务评估、海洋文化服务评估、海洋支持服务评估4大类。根据上述标准,通过数据资料收集及文献查询,对本围填海区域进行海洋生态系统服务价值的损害评估。根据围填海现状调查结果,未确权但有行政审批手续和无任何填海审批手续的已填成陆区围填海项目面积约 232.114 0 hm^2,扣除经核实已确权和实际为山体的区域面积后,实际按 171.482 2 hm^2 计。

6.7.2 海洋供给服务评估

6.7.2.1 评估方法

根据《海洋生态资本评估技术导则》,海洋供给服务评估包括养殖生产和捕捞生产、氧气生产两方面。

1. 养殖生产

（1）物质量评估

养殖生产的物质量应采用评估海域的主要类别养殖水产品的年产量进行评估,分鱼类、甲壳类、贝类、藻类、其他等5类。

（2）价值量评估

养殖生产的价值量应采用市场价格法进行评估。计算公式为

$$V_{SM} = \sum (Q_{SMi} \times P_{Mi}) \times 10^{-1} \qquad (6.7-1)$$

式中：V_{SM} 为养殖生产价值（万元/a）；Q_{SMi} 为第 i 类养殖水产品的产量（t/a），$i=1,2,3,4,5$,分别代表鱼类、甲壳类、贝类、藻类和其他；P_{Mi} 为第 i 类养殖水产品的平均市场价格（元/kg）。

养殖水产品平均市场价格应采用评估海域临近的海产品批发市场的同类海产品批发价格进行计算。

2. 捕捞生产

（1）物质量评估

如评估海域存在商业捕捞,则捕捞生产的物质量应采用捕捞年产量进行评估。

如评估海域存在商业捕捞或者非商业捕捞活动,但是没有捕捞产量统计数据,捕捞生产的物质量应根据邻近海域同类功能区主要品种的捕捞量与资源量的比例推算。

如缺少评估海域渔业资源现存量数据,可采用临近海域同类功能区单位面积海域渔业资源现存量数据推算。

（2）价值量评估

捕捞生产的价值量应采用市场价格法进行评估。计算公式为

$$V_{SC} = \sum (Q_{SCi} \times P_{Ci}) \times 10^{-1} \qquad (6.7-2)$$

式中：V_{SC} 为捕捞生产价值(万元/a)；Q_{SCi} 为第 i 类捕捞水产品的产量(t/a)，$i=1,2,3,4,5,6$，分别代表鱼类、甲壳类、贝类、藻类、头足类和其他；P_{Ci} 为第 i 类捕捞水产品的的平均市场价格(元/kg)。

捕捞水产品的平均市场价格应采用评估海域临近海产品批发市场的同类海产品批发价格进行计算。

3. 氧气生产

(1) 物质量评估

氧气生产的物质量应采用海洋植物通过光合作用过程生产氧气的数量进行评估。这包括 2 个部分，分别是浮游植物初级生产提供的氧气和大型藻类初级生产提供的氧气。

氧气生产的物质量计算公式为

$$Q_{O_2} = Q'_{O_2} \times S \times 365 \times 10^{-3} + Q''_{O_2} \tag{6.7-3}$$

式中：Q_{O_2} 为氧气生产的物质量(t/a)；Q'_{O_2} 为单位时间、单位面积水域浮游植物产生的氧气量[mg/(m²·d)]；S 为评估海域的水域面积(km²)；Q''_{O_2} 为大型藻类产生的氧气量(t/a)。

浮游植物初级生产提供氧气的计算公式为

$$Q'_{O_2} = 2.67 \times Q_{PP} \tag{6.7-4}$$

式中：Q'_{O_2} 为单位时间、单位面积水域浮游植物产生的氧气量[mg/(m²·d)]；Q_{PP} 为浮游植物的初级生产力[mg/(m²·d)]。

浮游植物的初级生产力数据宜采用评估海域实测初级生产力数据的平均值。若评估海域内初级生产力空间变化较大，宜采用按克里金插值后获得的分区域初级生产力平均值进行分区计算，再进行加总。

大型藻类初级生产提供氧气的计算公式为

$$Q''_{O_2} = 1.19 \times Q_A \tag{6.7-5}$$

式中：Q''_{O_2} 为大型藻类提供的氧气量(t/a)；Q_A 为大型藻类的干重(t/a)。

(2) 价值量评估

氧气生产的价值量应采用替代成本法进行评估。计算公式为

$$V_{O_2} = Q_{O_2} \times P_{O_2} \times 10^{-4} \qquad (6.7\text{-}6)$$

式中：V_{O_2} 为氧气生产价值(万元/a)；Q_{O_2} 为氧气生产的物质量(t/a)；P_{O_2} 为人工生产氧气的单位成本(元/t)。

人工生产氧气的单位成本宜采用评估年份钢铁业液化空气法制造氧气的平均生产成本，主要包括设备折旧费用、动力费用、人工费用等。也可根据评估海域的实际情况进行调整。

6.7.2.2 评估结果

1. 养殖生产和捕捞生产

围填海海域在填海之前水深很浅，不存在商业捕捞行为，所以不考虑捕捞生产的损失。根据《2018年辽宁省统计年鉴》，该海域海水养殖面积 69.84 万 hm^2，海水养殖产量 308.1 万 t。按围填海区域面积占比折算辽宁省围填海区域养殖生产价值损害，养殖水产品平均市场价格参考当地市场批发价格 5 元/kg 计算。

据此计算，养殖生产损害价值为 378.25 万元/a。

2. 氧气生产

参考《渤海近岸叶绿素和初级生产力研究》，渤海近岸海域年平均初级生产力为 327 $mgC/(m^2 \cdot d)$，该海域历史调查资料没有出现大型藻类，所以此项不计算大型藻类的产氧量。

人工生产氧气的单位成本宜采用评估年份钢铁业液化空气法制造氧气的平均生产成本，主要包括设备折旧费用、动力费用、人工费用等。采用工业制氧的现价 400 元/t，计算得项目占用海域氧气生产价值约为 21.86 万元/a。

6.7.3 海洋调节服务评估

6.7.3.1 评估方法

1. 气候调节

根据《海洋生态资本评估技术导则》中气候调节的评估方法进行评估。

（1）物质量评估

基于海洋吸收大气二氧化碳的原理计算，适用于有海气界面二氧化碳通量监测数据的大面积海域评估。气候调节的物质量等于评价海域的水域面积乘以单位面积水域吸收二氧化碳的量。

(2) 价值量评估

气候调节的价值量应采用替代市场价格法进行评估。计算公式为

$$V_{CO_2} = Q_{CO_2} \times P_{CO_2} \times 10^{-4} \tag{6.7-1}$$

式中：V_{CO_2} 为气候调节价值(万元/a)；Q_{CO_2} 为气候调节的物质量(t/a)；P_{CO_2} 为二氧化碳排放权的市场交易价格(元/t)。

二氧化碳排放权的市场交易价格宜采用评估年份我国环境交易所或类似机构二氧化碳排放权的平均交易价格。

2. 废弃物处理

工程用海对净化功能的影响包括两个方面：一方面，湿地具有分解、吸附、吸收、转化、沉淀有毒物质的净化功能；另一方面，围填海改变了区域的潮流运动特性，引起泥沙冲淤和污染物迁移规律的变化，降低水环境容量和污染物扩散能力，并加快了污染物在海底的积聚，从而破坏或削弱海域水体物理自净功能。由于评估填海区域大部分为滩涂，工程建设对潮流场影响较小，不会对海域水体物理自净功能产生明显影响，因此，只考虑围填海项目用海对滨海湿地净化功能的破坏。

由于资料有限，本研究采取成果参照法估算滨海湿地的污染净化能力价值，参考辛琨等对湿地净化功能价值的估算结果，滨海湿地污染净化能力价值为 1 135 元/hm^2。因此，滨海湿地废物处理功能价值损失估算模型为

$$Vd1 = 1\,135 \times S$$

式中：$Vd1$ 为滨海湿地净化功能年价值损失量；S 为受影响的滨海湿地面积。

6.7.3.2 评估结果

1. 气候调节

我国各海域每年吸收二氧化碳的量分别是渤海 36.88 t/km^2、北黄海 35.21 t/km^2、南黄海 20.94 t/km^2、东海 2.50 t/km^2、南海 4.76 t/km^2。

从《北京碳市场年度报告 2017》获悉，北京碳市场价格最为稳定，4 年期间最高日成交均价为 77 元/t(2014 年 7 月 16 日)，最低日成交均价为 32.40 元/t(2016 年 1 月 25 日)，年度成交均价基本在 50 元/t 上下浮动。参考欧盟气候交易市场价格，结合中国的实际情况，取二氧化碳排放权的市场交易价格为 50 元/t。

据此计算，本项目建设造成的气候调节损失为 0.32 万元/a。

2. 废弃物处理

参考辛琨等对湿地净化功能价值的估算结果,滨海湿地污染净化能力价值为 1 135 元/hm²。因此,其染净化能力价值损失为 19.46 万元/a。

6.7.4 海洋文化服务评估

1. 休闲娱乐功能

根据谢高地等对我国生态系统各项生态服务价值平均单位的估算结果,我国湿地生态系统单位面积的娱乐休闲功能为 4 910.9 元/(hm²·a)。因此,娱乐休闲功能价值年损失量估算模型为

$$Ve = 4910.9 \times S$$

式中:Ve 为娱乐休闲功能价值年损失量;S 为围填海面积。

由此计算,工程用海对海域娱乐休闲功能损失量为 84.21 万元/a。

2. 科研教育功能

滨海湿地是重要的天然实验室,其生物多样性丰富,湿地生态系统、多样的动植物群落、濒危物种等在科研教育中有着重要地位,为科研及教育提供了天然基地、材料等,具有重要的科学研究价值。目前,大多数学者借鉴陈仲新等对我国生态效益的估算结果,估算出我国单位面积生态系统的科研服务价值为 355 元/(hm²·a)。因此,科研教育功能价值年损失估算模型为

$$Vf = 355 \times S$$

式中:Vf 为科研教育功能价值年损失量;S 为围填海面积。

据此计算,科研服务价值损失为 6.09 万元/a。

6.7.5 海洋支持服务评估

由于资料有限,采取成果参照法估算生物多样性的价值,根据谢高地对我国生态系统各项生态服务价值平均单价的估算结果,湿地生态系统单位面积的生物多样性维持价值为 2 122.2 元/(hm²·a)。

据此估算,用海造成生物多样性支持功能价值损失约为 36.39 万元/a。

根据上述评估,本围填海工程建设的海洋生态系统服务功能价值损失为 546.58 万元/a(表 6.7-1)。

表 6.7-1　海洋生态系统服务功能损失价值估算汇总

生态服务功能		生态服务价值损失（万元/a）
海洋供给服务功能	养殖生产	378.25
	氧气生产	21.86
海洋调节服务功能	气候调节	0.32
	废物处理	19.46
海洋文化服务功能	休闲娱乐	84.21
	科研教育	6.09
海洋支持服务功能		36.39
总计		546.58

6.7.6　海洋生物资源损失评估

6.7.6.1　影响分析

根据围填海工程施工特点，结合围填海工程采用的施工方案和方法，围填海施工造成的海洋资源损失主要体现在两个方面：一是占用海域空间的海洋生物资源量受到影响；二是污染物扩散范围内的海洋生物资源量受到影响。

占用海域空间的海洋生物资源量：围填海建设将占用海洋空间资源，除了施工掩埋一些海洋生物外，还将使生存在该区域的海洋生物永久性地丧失生存空间。

污染物扩散范围内的海洋生物资源量：围填海围堰抛石过程中产生的悬浮物等污染物会造成海水水质污染，这种影响是短期的，经过一段时间后，可得到不同程度的恢复。

鉴于评估填海区除在原有盐田基础上进行回填外，其余区域均为先建设海防堤再进行隔堰建设回填施工，而海防堤工程建设前已缴纳了渔业资源损失赔偿费（赔偿费计算已包含悬浮物扩散影响），故本次不再重复计算该部分损失。

6.7.6.2　生物损失量评估

海洋生物资源损害评估依据《建设项目对海洋生物资源影响评价技术规程》规定的方法进行。

(1) 生物损失量评估依据

按照《建设项目对海洋生物资源影响评价技术规程》和《辽宁省海洋及海岸工程海洋生物损害评估技术规范》,海洋及海岸工程分具体类型按其对海洋生物资源可能产生的影响进行损害评估。

分析本评估的具体情况,建设填海造地将直接破坏底栖生物生存环境,并造成底栖生物的直接死亡;抛石等造成施工区域周围海水中悬浮物浓度增大,在一定程度上破坏了生物的生存环境;游泳生物大都具有发达的运动器官和很强的运动能力,从而具有回避污染的效应,因此,项目建设对其影响不大;工程前评估区域周边没有渔业生产,另外通过现场调查没有发现珍稀濒危水生生物。综合以上分析,最终确定本项目的评估内容为鱼卵、仔稚鱼和底栖动物。

评估区域位于《辽宁省海洋及海岸工程海洋生物损害评估技术规范》规定的葫芦岛望海寺至辽冀海域界线区内(分区编号H16)。本评估报告采用规范规定值与工程前调查本底值中的较大值进行计算,见表6.7-2。

表6.7-2 生物损失量对比

类型	单位	数值	取值来源
鱼卵	ind./m^3	0.30	2008年4月调查
仔鱼	ind./m^3	0.1513	《辽宁省海洋及海岸工程海洋生物损害评估技术规范》(H16,即葫芦岛望海寺至辽冀海域界线)
底栖生物	g/m^2	27.64	2008年4月调查

(2) 生物损失量评估方法

根据《建设项目对海洋生物资源影响评价技术规程》,因项目建设需要,占用渔业水域,致使渔业水域功能被破坏或海洋生物资源栖息地丧失。各种类生物资源损害量评估按以下公式计算:

$$W_i = D_i \times S_i \tag{6.7-2}$$

式中:W_i为第i种类生物资源受损量(尾、个、kg);D_i为第i种类生物资源密度[尾(个)/km^2、尾(个)/km^3、kg/km^2];S_i为第i种类生物占用的渔业水域面积或体积(km^{2}或km^3)。

第6章 葫芦岛市兴城临海产业区生态评估与整治修复研究

(3) 生物损失量计算

海域平均水深按 0.5 m 计算(表 6.7-3)。

表 6.7-3 填海占用的生物损失量表

补偿项目	生物类型	平均生物量 D	单位	面积(hm²) S	水深(m) H	损失量 W	单位	量值
占用海域	底栖动物	27.64	g/m²	171.4822	—	$W = D \times S \times 10$	kg	47 398
	鱼卵	0.3	个/m³	171.4822	0.5	$W = D \times S \times H \times 10\,000$	个	257 223
	仔鱼	0.1513	尾/m³	171.4822	0.5	$W = D \times S \times H \times 10\,000$	尾	129 726

6.7.6.3 生物损失补偿金额计算

1. 生物损失补偿金额计算方法

(1) 计算方法

① 鱼卵、仔鱼经济价值的计算

鱼卵、仔鱼的经济价值应折算成鱼苗进行计算。鱼卵、仔鱼经济价值按下式计算：

$$M = W \times P \times E \qquad (6.7-3)$$

式中：M 为鱼卵和仔鱼经济损失金额(元)；W 为鱼卵和仔鱼损失量(个、尾)；P 为鱼卵和仔鱼折算为鱼苗的换算比例,鱼卵生长到商品鱼苗按 1% 成活率计算,仔鱼生长到商品鱼苗按 5% 成活率计算(%)；E 为鱼苗的商品价格,按当地主要鱼类苗种的平均价格计算(元/尾)。

② 潮间带生物、底栖生物经济价值的换算

潮间带生物、底栖生物经济损失按下式计算：

$$M = W \times E \qquad (6.7-4)$$

式中：M 为经济损失额(元)；W 为生物资源损失量(kg)；E 为生物资源的价格(元/kg),按主要经济种类当地当年的市场平均价或按海洋捕捞产值与产量均值的比值计算(如当年统计资料尚未发布,可按上年度统计资料计算)。

(2) 补偿年限(倍数)

各类工程施工对海洋生态系统造成不可逆转影响的,其生物资源损害的补偿年限均按不低于20年计算。

一次性生物资源损害的补偿为一次性损害额的3倍。

持续性生物资源损害的补偿分3种情形:实际影响年限低于3年的,按3年补偿;实际影响年限为3~20年的,按实际年限补偿;影响持续时间20年以上的,补偿时间不应低于20年。

2. 生物损失补偿金额

填海造成的生物损失补偿计算结果见表6.7-4,评估区域填海的生态补偿金额总计966.070 7万元。

表6.7-4 评估区域填海造成的生物损失补偿计算表

补偿类型	生物类型	损失量		成活率或转化率	价格(元/尾、元/kg)	补偿倍数	经济损失计算式	损失金额(万元)
		单位	量值 W	C	J	a		
占用海域	底栖动物	kg	47 398	—	10	20	$W \times J \times a/10\ 000$	947.953 6
	鱼卵	个	257 223	1%	1	20	$W \times C \times J \times a/10\ 000$	5.144 5
	仔鱼	尾	129 726	5%	1	20	$W \times C \times J \times a/10\ 000$	12.972 6
				小计				966.070 7

6.7.7 围填海生态损害评估结果

根据评估结果可知,评估围填海区造成海洋生态系统服务功能损失价值为546.58万元/a,海洋生物资源损失价值为966.070 7万元。

6.8 生态修复对策

结合该工程的主要生态问题、生态功能定位及实际情况,认为兴城临海产业区起步区围填海项目西侧入海口的贾河河道内存在不合理构筑物,占用了自然岸线,威胁河口行洪安全,考虑对其进行清除;围填海项目造成滨海湿地的损失,考虑在海防堤东北部向海侧进行湿地植被种植,开展滨海湿地生态修复;项目造成海洋生物资源的损失,通过增殖放流弥补生物资源损害。因此,主要从岸线修复、滨海湿地修复、海洋生态资源恢复等方面提出具体生态修复措施。

6.8.1 主要生态环境问题

根据前文的评估结果,评估围填海产生的生态环境问题主要有:

(1)围填海建设占用自然岸线,造成岸线资源的损失。

(2)围填海建设占用沿岸海域,造成滨海空间资源的损失。

(3)围填海建设造成海洋生态系统服务功能和海洋生物资源的损失。

6.8.2 对策建议

6.8.2.1 区域生态功能定位

(1)辽宁省主体功能区划

将本次评估围填海区与辽宁省海洋主体功能区分区图叠加,可见评估范围全部位于限制开发区,且葫芦岛兴城市属限制开发区域中的海洋渔业保障区。规划的实施虽然占用了部分渔业保障区海域,但整治了脏乱的海岸环境,使得兴城市原有工业企业布局凌乱,缺乏统一规划、集中管理,污染物不能及时有效处理,大量废水经地表河流进入辽东湾、对海洋环境造成污染等状况得到了改善。规划区禁止污染物排海的举措,间接维护了海洋渔业资源赖以生存的海洋环境,符合辽宁省海洋主体功能区规划中"该区域限制进行大规模高强度开发,但允许开展有利于提高海洋渔业生产能力和生态服务功能的开发活动"的原则。

(2)辽宁省海洋功能区划

根据《辽宁省海洋功能区划(2011—2020年)》可知,本项目占用了曹庄工业与城镇用海区(A3-05)和曹庄港口航运区(A2-03)。

曹庄工业与城镇用海区(A3-05):

海域使用管理要求:①严格控制填海造地规模,集约节约用海。②定期监测海岸和滩涂动态变化。

海洋环境保护管理要求:严格新增项目用海环评与监督管理,控制新增城市与工业污染源,加强区域海水环境质量跟踪监测,水质质量执行不低于二类海水水质标准,沉积物质量和海洋生物质量执行不低于一类标准。

曹庄港口航运区(A2-03)：

海域使用管理要求：①严格控制填海造地规模。②严格限制海岸突堤工程规模。

海洋环境保护管理要求：避免影响菊花岛海域环境，水质质量执行不低于二类海水水质标准，沉积物质量和海洋生物质量执行不低于一类标准。

(3) 与《辽宁省渤海海域海洋生态红线区规划》符合性分析

海洋生态红线制度是为维护海洋生态健康和生态安全而设立的管控措施，是海洋可持续发展利用的基本保障。2014年4月4日，辽宁省人民政府办公厅转发了省海洋渔业厅《关于在渤海实施海洋生态红线制度的意见》(以下简称《意见》)，《意见》是贯彻落实十八届三中全会关于加快生态文明制度建设的重要举措，对确保渤海生态安全，实现人海和谐，促进环渤海地区经济社会可持续发展，为实施辽宁沿海经济带发展战略提供优质海洋生态环境支撑，都具有重大意义。

① 评估围填海未占用菊花岛及邻近海域和自然岸线红线控制区。

② 评估围填海中部分进入兴城海水浴场限制开发区(砂质岸线及邻近海域，砂质岸线的500 m扩展范围)，进入部分为已确权的兴城临海产业区起步区海防堤工程和已批复的兴城临海产业区起步区区域建设用海总体规划内的道路公共用海，评估围填海未占用该段砂质岸线，未改变该砂质岸线的自然属性，符合兴城海水浴场管控措施。

③ 评估围填海处于已确权的兴城临海产业区起步区海防堤工程内侧，2010年6月外围堤坝已经建成，是在《辽宁省渤海海域海洋生态红线区划》实施(2014年4月)之前。围填海施工悬浮泥沙未对海洋生态红线区产生影响。

6.8.2.2 生态修复重点

根据兴城临海产业区的主要生态环境问题，结合围填海项目所在海域的自然环境特征和区域生态功能定位，本项目生态修复的重点主要包括以下几个方面。

(1) 岸线的整治修复

评估围填海造成自然岸线损失。河道内不合理的构筑物占用了150 m自然岸线，同时由于位于河道内，还会影响汛期行洪安全。通过对其进行拆除，恢复自然岸线，改善行洪条件。

(2) 滨海湿地的修复

评估围填海造成滩涂湿地面积损失，本项目拟对填海区东北侧高潮滩进行滨海植被种植等措施,植被选择翅碱蓬。

(3) 海洋生物资源恢复

评估围填海工程导致生物资源的大量损失,通过增殖放流辅助恢复海洋生物资源。

6.8.2.3 生态修复目标

根据用海区目前的主要生态问题,结合项目所在海域的主要生态功能定位,提出本项目生态修复的总体目标为:

(1) 清除不合理构筑物,修复占用岸线。
(2) 修复滨海湿地生态系统,维持并提高其生态服务功能。
(3) 恢复受损海洋生物资源,提高海洋生物资源总量和生物多样性。
(4) 保障入海河流行洪通道畅通,杜绝洪灾安全隐患。

6.8.2.4 修复措施

结合该工程主要生态问题、生态功能定位及实际情况,兴城临海产业区起步区围填海项目造成了岸线的损失,根据围堤现状,考虑适当的海堤生态化建设;入海口的贾河河道内存在不合理构筑物,占用了自然岸线,威胁河口行洪安全,考虑对其进行清除;围填海项目造成了滨海空间的损失,考虑在海防堤东北部向海侧进行湿地植被种植,开展滨海湿地生态修复;项目造成海洋生物资源的损失,考虑通过增殖放流弥补生物资源损害。因此,主要从岸线修复、滨海湿地修复、岛礁的水文动力恢复、海洋生态资源恢复等方面提出具体生态修复措施(表6.8-1)。

表 6.8-1 兴城临海产业区起步区围填海工程生态修复的主要工程措施一览表

序号	所属类型	工程措施
1	岸线修复	河道内不合理构筑物清除
2	滨海湿地修复	海防堤东北部向海侧滨海湿地修复
3	海洋生物资源恢复	沙后所海域增殖放流

第 7 章
围填海生态环境监管的相关思考

7.1 关于围填海监管需求的思考

通过国家政策、相关部门和地方管理实践以及国际经验的总结分析,考虑围填海监管需求主要包括以下几个方面。

1. 明确生态环境监管职责,建立监管机制

积极部署围填海生态环境监管,强化围填海项目环境影响评价、岸线和滨海湿地生态修复监督、围填海项目跟踪监测机制。提高环境准入,严守海洋生态红线,加强围填海历史遗留问题处理过程中的生态环境监管,对侵占生态红线区、海洋保护区和造成严重环境污染或生态破坏的围填海项目,坚决予以拆除。把围填海监督检查作为中央生态环境保护督察的重要内容,适时开展围填海专项督察,加大督察问责力度,压实地方党委政府的主体责任。

2. 加强围填海环境影响审查,提高环境准入标准

在"生态保护红线、环境质量底线、资源利用上线和环境准入负面清单"(以下简称"三线一单")编制中明确对围填海的管控要求,强化围填海区的产业准入、空间准入、环境准入管理,围填海项目要符合"三线一单";严格执行围填海项目环境影响评价制度,严格管控围填海活动对生态环境产生的影响,在围填海区域推行循环经济和清洁生产,积极建设生态工业园区,推动高质量发展和绿色发展。强化对处置历史遗留问题后的围填海项目环境影响进行跟踪检查,对造成严重环境污染或生态破坏的,追究相关人员责任。未经批准或骗取环境核准的围填海项目,由相关部门严肃查处。

3. 严守生态保护红线,依法处置违法违规围填海

严格落实海洋生态保护红线及其监管,红线区内禁止一切新增围填海行为。落实《渤海综合治理攻坚战行动计划》,监督地方政府,依法拆除违规工程和设施,全面清理非法占用生态保护红线区的围填海项目。清理已废弃、未经批准或位于生态红线区的围海养殖活动,对位于重要滨海湿地、生态敏感区的围海养殖活动开展综合整治,分期分批进行清退。

4. 推进围填海生态损害赔偿与生态修复

制定围填海生态损害赔偿评估技术标准,科学评估围填海生态赔偿价格。制定围填海生态损害赔偿金使用管理办法,拓宽海洋生态修复及围海养殖清退资金渠道。

完善围填海生态修复的监督机制,坚持以解决生态损害问题为导向,明确生态修复目标和要求,避免围填海生态修复追求景观效果和短期效应,突出生境的修复与改善,实现"人工岸线生态化""人工湿地功能化",提升围填海区域的防灾减灾和生物栖息等生态功能。

5. 强化自然岸线保护

强化自然岸线保有率硬约束作用,健全完善以自然岸线保有率为核心的倒逼机制,督促沿海各地加强自然岸线保护。将自然岸线纳入海洋生态保护红线管理,除国家重大战略项目外,禁止围填海及其他开发活动占用自然岸线。加强海岸区域环境治理与生态修复,改善海岸环境,恢复海岸生态功能,增加自然岸线长度。研究制定自然岸线认定标准,综合考虑海岸环境、生态功能等因素,科学认定自然岸线。

7.2 关于建立围填海生态环境监管制度的思考

1. 贯彻实施围填海环境准入制度

充分落实好、利用好"三线一单",强化围填海的事前审查。"三线一单"是以三大红线为核心的生态环境区分管控体系,把生态保护的要求落实到国土空间,对各类空间提出关于开发建设活动的限制性要求,从而引导区域和产业的健康发展,在"三线一单"中提出并落实围填海管控要求,对围填海从空间布局、环境容量、准入条件等方面实施严格管理,降低围填海行为对海洋生态环境的损害。

2. 强化围填海海洋环境影响评价审查制度

环境影响评价是贯彻"预防为主"的生态环境保护政策的重要管理手段,为实施生态环境与社会发展综合决策提供了科学依据。一直以来,我国围填海实行海洋环境影响评价制度,但评价以综合损益评价为主,未突出海洋生态环境的影响,对围填海引发的海洋生态环境影响的研究与分析不充分。因此,进一步强化围填海环评审查,特别是围填海对水文动力环境的影响或因动力环境改变引发的其他海洋生态环境问题,是落实以改善环境质量为核心的环境管理要求的重要抓手。

3. 严格落实海洋生态保护红线制度

海洋生态保护红线是海洋生态空间范围内具有特殊重要生态功能、必须实行强制性严格保护的区域,在《国务院关于加强滨海湿地保护严格管控围填海的通知》中,要求对已经划定的海洋生态保护红线实施最严格的保护和监管。在海洋生态红线制度补充完善的基础上,提出海洋生态保护红线区内禁止新增围填海等管控措施,牢固树立围填海的红线意识。

4. 全面加强自然岸线保护

自然岸线是海岸线类型中的一种,具有重要的生态价值。近年来,自然岸线的保有率成为社会各界关注的焦点,国家将其列为生态文明建设重要目标与沿海地方人民政府政绩考核的重要指标。自然岸线作为自然资源的一种,这条线本身是虚拟的、毫无意义的,但其所依附的海岸带区域却具有重要的生态价值,因此,要想保护好自然岸线,就必须保护好自然海岸。目前,国家对于海岸线的管理模式是以自然岸线保有率为目标的倒逼机制,除了明确自然岸线保有率的相关管理外,还应对沙滩、红树林、珊瑚礁、海蚀地貌等典型自然海岸提出保护措施和管理对策,进而保护自然岸线。

5. 切实提高围填海生态环境损害成本

《中华人民共和国海洋环境保护法》对海洋工程损害生态环境的处罚标准作出规定,并未单独提及围填海损害。一般来说,海洋环境损害治理难度很大,一旦受到破坏,很大程度上需要依靠海洋自身的恢复能力,而围填海又是众多海洋工程类型中对海洋生态环境影响最大的一种,因此普适性的处罚标准对于围填海损害来说是远远不够的。根据当前国家对生态环境治理的决心与围填海环境损害问题,在后续工作中,将进一步研究提高围填海生态环境损害经济处罚标准,如除损害赔偿外,修复所需费用也应一并纳入。同时,随着社会经济的发展,一般性、单一的经济处罚已经起不到威慑作用,因此考虑增加建立诚信档案、违规违法惩戒和黑名单等措施,多措并举,全面提升围填海生态环境损害成本,加大惩处力度。

6. 强化地方监管责任

组织开展对地方党委、政府环境保护督察,对围填海造成的海洋生态环境影响、损害要进行问责,压实压紧地方责任。通过实施围填海生态环境监管制度,提升管理水平,实现精细化管理,保护和改善海洋生态环境,同时,明确地方政府、企事业单位和其他经营者的主体责任,体现全民参与、全民共治的生态环境保护理念。

7.3 关于完善围填海跟踪监测制度体系的思考

1. 健全完善围填海项目事中事后跟踪监测制度

针对目前我国"重审批、轻监管"的现象,提出围填海事中事后监管制度措施。首先,对于用海主体,应认真落实国家政策、环评文件提出的要求,如用海主体要主动开展海洋环境跟踪监测、边施工边开展生态修复等,主动向社会公开环评文件、污染排放方案、生态修复方案、环境事故防范措施及应急预案等。对于生态环境主管部门,要切实履行生态环境监管职责,将围填海监管工作应列入年度工作计划,并组织实施;严格按照国家相关政策要求,采用"双随机"抽查、挂牌督办、约谈、区域限批等综合手段,多措并举,开展围填海事中事后监督管理工作。

2. 建立我国围填海生态环境跟踪监测数据填报制度

目前,我国围填海生态环境跟踪监测数据填报制度尚未建立。围填海生态环境跟踪监测数据填报制度的建立是围填海跟踪监测制度的进一步落实,是加强围填海生态环境监管的有效手段。其内容包括以下几方面:

落实围填海生态环境监管要求,编制围填海生态环境跟踪监测数据填报制度;建立基于围填海生态环境跟踪监测数据规范、数据报表、信息数据规范、数据管理系统等手段的数据管理体系;用海单位/个人的通过管理系统完成围填海生态环境跟踪监测建档;用海单位/个人按照严格围填海生态环境跟踪监测数据填报制度要求进行数据填报并上传系统;地方政府审批部门对数据进行审核和质量评估,给予审核结果并公示。

3. 建立围填海用海审批与跟踪监测的协调机制

建立围填海用海审批与跟踪监测的协调机制。用海单位/个人的用海申请通过审批后,用海单位/个人应按照围填海生态环境跟踪监测数据填报制度要求进行系统建档。建档后,用海单位/个人可根据围填海生态环境跟踪监测制度要求定期进行数据填报。

4. 建立围填海生态环境跟踪监测与生态损害赔偿的联动机制

建立围填海生态环境跟踪监测与生态损害赔偿的联动机制。由国家组织绘编全国海洋生态服务功能区,基于功能区构建围填海生态损害评估模型和价值转化模型,依据跟踪监测数据计算围填海生态损害价值,编制围填海生态损害价值清单;地方政府依据围填海生态损害价值清单对用海企业/个人开具生态环境损害赔偿金缴费通知。由地方财政部门代理收缴用海企业/个人应缴的海洋生态损害赔偿金,赔偿金全部上缴国库。国家设立海洋生态损害赔偿专项基金,地方上报海洋生态修复项目,经组织评审后,对符合标准的海洋生态修复项目划拨定向资金。按一定的周期向地方划拨专项资金,用于海洋生态保护性补偿。

构建由国家到地方、自上而下的围填海生态损害赔偿管理绩效评价指标,明确事、责、人,结合现行生态环境绩效考核机制进行奖励和问责。

7.4 关于围填海区域海洋生态环境调查数据管理系统建设的思考

围填海项目生态评估海洋生态环境调查数据包括风速、气象、潮汐、海流、水深、盐度、水温、水质要素、生物生态要素、潮间带沉积物环境要素和潮间带生物要素等。

为实现数据规范化(结构规范字段属性,包括名称、数据类型、长度、隶属关系)及标准化(统一标准、统一入库、统一管理),考虑建立"围填海区域海洋生态环境调查数据管理系统"。整套系统建立主要由两部分组成,分别是"数据库设计"与"管理系统建设"。

1. 数据库设计

数据库设计主要包括"概念结构设计""逻辑结构设计"两部分。其中,第一部分主要对用户组别权限和数据检索方式做出规定,第二部分主要对数据录入规范和系统运行逻辑进行设计。详见附录二。

2. 管理系统建设

目前,尚未建立围填海跟踪监测及生态评估海洋生态环境调查数据管理系统。无法掌握和管理大量的海洋生态环境调查现状数据和历史数据。现有调查数据存在格式不一,标准不一,造成大量有用数据沉积无用等问题。为规范和科学管理海洋生态环境调查数据,本系统构建了基于24类海洋生态环境调查数据的空间数据库及运行系统。实现历史数据积累、查看等功能,将对大规模、类型多样的海洋生态环境调查数据进行有效管理,为围填海生态评估数据管理提供技术支撑。详见附录二。

附　录

附录一　国务院关于加强滨海湿地保护严格管控围填海的通知

国发〔2018〕24号

各省、自治区、直辖市人民政府，国务院各部委、各直属机构：

滨海湿地（含沿海滩涂、河口、浅海、红树林、珊瑚礁等）是近海生物重要栖息繁殖地和鸟类迁徙中转站，是珍贵的湿地资源，具有重要的生态功能。近年来，我国滨海湿地保护工作取得了一定成效，但由于长期以来的大规模围填海活动，滨海湿地大面积减少，自然岸线锐减，对海洋和陆地生态系统造成损害。为切实提高滨海湿地保护水平，严格管控围填海活动，现通知如下。

一、总体要求

（一）重大意义。进一步加强滨海湿地保护，严格管控围填海活动，有利于严守海洋生态保护红线，改善海洋生态环境，提升生物多样性水平，维护国家生态安全；有利于深化自然资源资产管理体制改革和机制创新，促进陆海统筹与综合管理，构建国土空间开发保护新格局，推动实施海洋强国战略；有利于树立保护优先理念，实现人与自然和谐共生，构建海洋生态环境治理体系，推进生态文明建设。

（二）指导思想。深入贯彻习近平新时代中国特色社会主义思想，深入贯彻党的十九大和十九届二中、三中全会精神，牢固树立绿水青山就是金山银山的理念，严格落实党中央、国务院决策部署，坚持生态优先、绿色发展，坚持最严格的生态环境保护制度，切实转变"向海索地"的工作思路，统筹陆海国土空间开发保护，实现海洋资源严格保护、有效修复、集约利用，为全面加强生态环境保护、建设美丽中国作出贡献。

二、严控新增围填海造地

（三）严控新增项目。完善围填海总量管控，取消围填海地方年度计划指标，除国家重大战略项目外，全面停止新增围填海项目审批。新增围填海项目要同步强化生态保护修复，边施工边修复，最大程度避免降低生态系统服务功能。

未经批准或骗取批准的围填海项目,由相关部门严肃查处,责令恢复海域原状,依法从重处罚。

（四）严格审批程序。党中央、国务院、中央军委确定的国家重大战略项目涉及围填海的,由国家发展改革委、自然资源部按照严格管控、生态优先、节约集约的原则,会同有关部门提出选址、围填海规模、生态影响等审核意见,按程序报国务院审批。

省级人民政府为落实党中央、国务院、中央军委决策部署,提出的具有国家重大战略意义的围填海项目,由省级人民政府报国家发展改革委、自然资源部；国家发展改革委、自然资源部会同有关部门进行论证,出具围填海必要性、围填海规模、生态影响等审核意见,按程序报国务院审批。原则上,不再受理有关省级人民政府提出的涉及辽东湾、渤海湾、莱州湾、胶州湾等生态脆弱敏感、自净能力弱海域的围填海项目。

三、加快处理围填海历史遗留问题

（五）全面开展现状调查并制定处理方案。自然资源部要会同国家发展改革委等有关部门,充分利用卫星遥感等技术手段,在2018年底前完成全国围填海现状调查,掌握规划依据、审批状态、用海主体、用海面积、利用现状等,查明违法违规围填海和围而未填情况,并通报给有关省级人民政府。有关省级人民政府按照"生态优先、节约集约、分类施策、积极稳妥"的原则,结合2017年开展的围填海专项督察情况,确定围填海历史遗留问题清单,在2019年底前制定围填海历史遗留问题处理方案,提出年度处置目标,严格限制围填海用于房地产开发、低水平重复建设旅游休闲娱乐项目及污染海洋生态环境的项目。原则上不受理未完成历史遗留问题处理的省（自治区、直辖市）提出的新增围填海项目申请。

（六）妥善处置合法合规围填海项目。由省级人民政府负责组织有关地方人民政府根据围填海工程进展情况,监督指导海域使用权人进行妥善处置。已经完成围填海的,原则上应集约利用,进行必要的生态修复；在2017年底前批准而尚未完成围填海的,最大限度控制围填海面积,并进行必要的生态修复。

（七）依法处置违法违规围填海项目。由省级人民政府负责依法依规严肃查处,并组织有关地方人民政府开展生态评估,根据违法违规围填海现状和对海洋生态环境的影响程度,责成用海主体认真做好处置工作,进行生态损害赔偿和生态修复,对严重破坏海洋生态环境的坚决予以拆除,对海洋生态环境无重大影响的,要最大限度控制围填海面积,按有关规定限期整改。涉及军队建设项目违法违规围填海的,由中央军委机关有关部门会同有关地方人民政府依法依规严肃处理。

四、加强海洋生态保护修复

(八)严守生态保护红线。对已经划定的海洋生态保护红线实施最严格的保护和监管,全面清理非法占用红线区域的围填海项目,确保海洋生态保护红线面积不减少、大陆自然岸线保有率标准不降低、海岛现有砂质岸线长度不缩短。

(九)加强滨海湿地保护。全面强化现有沿海各类自然保护地的管理,选划建立一批海洋自然保护区、海洋特别保护区和湿地公园。将天津大港湿地、河北黄骅湿地、江苏如东湿地、福建东山湿地、广东大鹏湾湿地等亟需保护的重要滨海湿地和重要物种栖息地纳入保护范围。

(十)强化整治修复。制定滨海湿地生态损害鉴定评估、赔偿、修复等技术规范。坚持自然恢复为主、人工修复为辅,加大财政支持力度,积极推进"蓝色海湾"、"南红北柳"、"生态岛礁"等重大生态修复工程,支持通过退围还海、退养还滩、退耕还湿等方式,逐步修复已经破坏的滨海湿地。

五、建立长效机制

(十一)健全调查监测体系。统一湿地技术标准,结合第三次全国土地调查,对包括滨海湿地在内的全国湿地进行逐地块调查,对湿地保护、利用、权属、生态状况及功能等进行准确评价和分析,并建立动态监测系统,进一步加强围填海情况监测,及时掌握滨海湿地及自然岸线的动态变化。

(十二)严格用途管制。坚持陆海统筹,将滨海湿地保护纳入国土空间规划进行统一安排,加强国土空间用途管制,提高环境准入门槛,严格限制在生态脆弱敏感、自净能力弱的海域实施围填海行为,严禁国家产业政策淘汰类、限制类项目在滨海湿地布局,实现山水林田湖草整体保护、系统修复、综合治理。

(十三)加强围填海监督检查。自然资源部要将加快处理围填海历史遗留问题情况纳入督察重点事项,督促地方整改落实,加大督察问责力度,压实地方政府主体责任。抓好首轮围填海专项督察发现问题的整改工作,挂账督改,确保整改到位、问责到位。2018年下半年启动围填海专项督察"回头看",确保国家严控围填海的政策落到实处,坚决遏制、严厉打击违法违规围填海行为。

六、加强组织保障

(十四)明确部门职责。国务院有关部门要提高对滨海湿地保护重要性的认识,强化围填海管控意识,明确分工,落实责任,加强沟通,形成管理合力。自然资源部要切实担负起保护修复与合理利用海洋资源的责任,会同国家发展改革委等有关部门,建立部省协调联动机制,统筹各方面力量,加大保护和管控力度,确保完成目标任务。

（十五）落实地方责任。各沿海省（自治区、直辖市）是加强滨海湿地保护、严格管控围填海的责任主体,政府主要负责人是本行政区域第一责任人,要切实加强组织领导,制定实施方案,细化分解目标任务,依法分类处置围填海历史遗留问题,加大海洋生态保护修复力度。

（十六）推动公众参与。要通过多种形式及时宣传报道相关政策措施和取得的成效,加强舆论引导和监督,及时回应公众关切,提升公众保护滨海湿地的意识,促进公众共同参与、共同保护,营造良好的社会环境。

国务院

2018 年 7 月 14 日

附录二　海洋生态环境调查数据管理系统建设

为了规范围填海项目生态评估海洋生态环境调查数据,开展了海洋生态环境调查数据管理系统建设的研究。建立了数据标准化流程,实现数据统一标准、统一入库、统一管理。

一、数据库设计

1. 概念结构设计

(1) 实体和属性的定义

① 公共模块。

工作人员信息(用户登录名、真实姓名、密码、公司邮箱),自动匹配权限。

权限分为:管理员权限、专家、技术人员权限和一般权限。

管理员:权限最大,可进行修改、删减、录入、查询、浏览及其他基本操作;可修改数据库的逻辑结构、存储过程及方式等高权限操作;接收来自专家关于数据和技术的修改意见和建议,同时,校核后把修改意见和建议发送相关技术人员。

专家:指导管理员、技术人员实现关键技术,上报数据和技术的修改意见和建议。同时,可进行查询、浏览操作。

技术人员:接收管理员发送的修改意见和建议;可进行录入、修改、查询、浏览操作。

一般权限:权限最低,可进行查询、浏览操作。

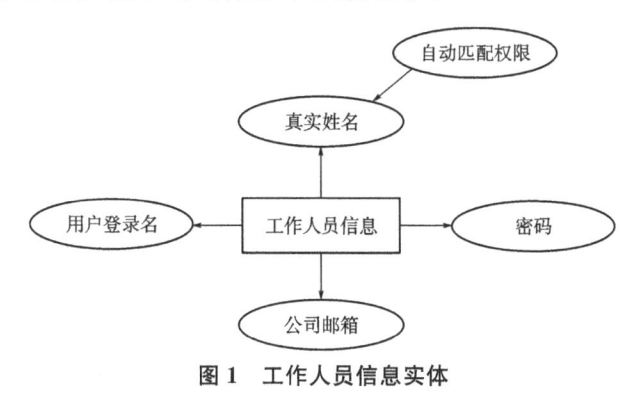

图 1　工作人员信息实体

② 业务管理模块。

可以按监测时间、监测区域、监测工程名称进行单一模糊查询以及联合唯一查询；或可按照一项或多项监测内容进行模糊查询。

可以进行海洋生态环境监测和调查的数据录入和保存。如图2所示。

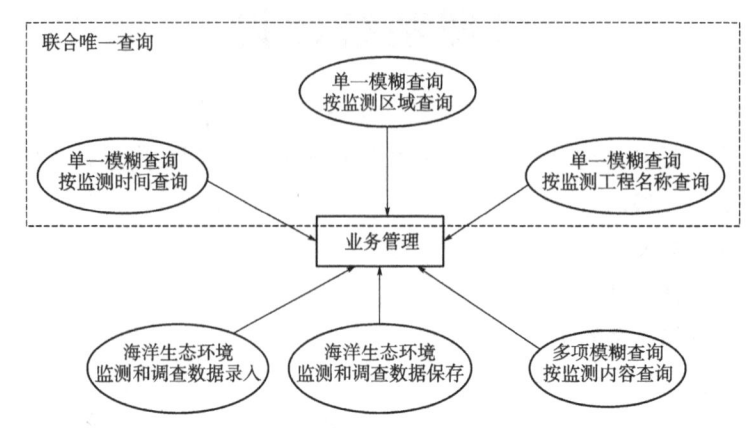

图 2　业务管理信息实体

(2) 局部 E-R 模式设计

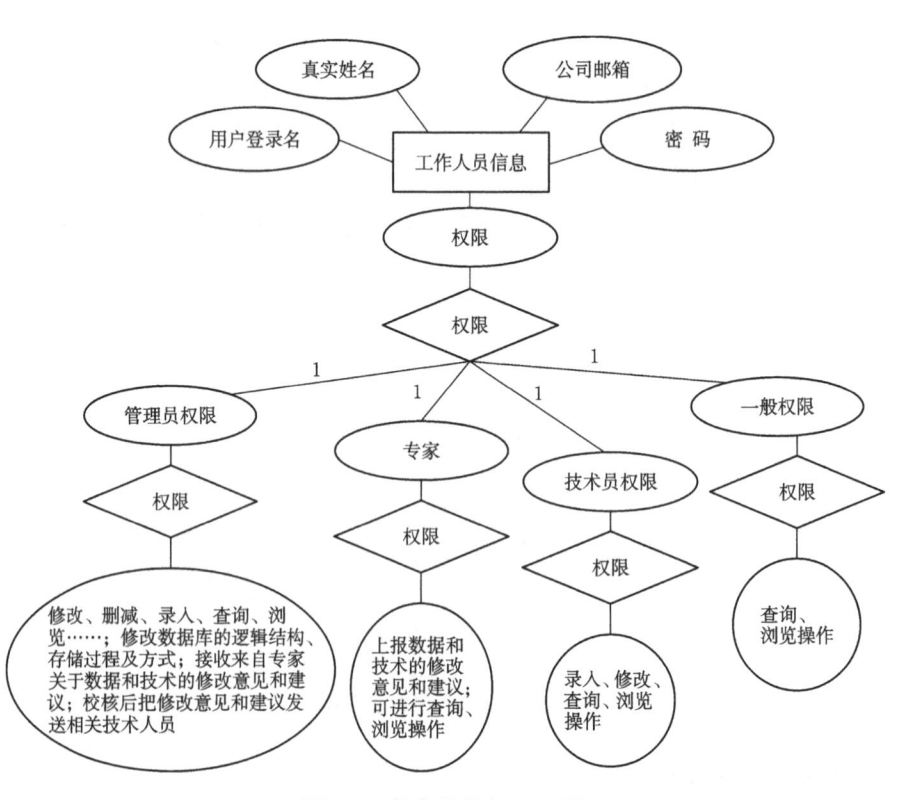

图 3　工作人员信息 E-R 图

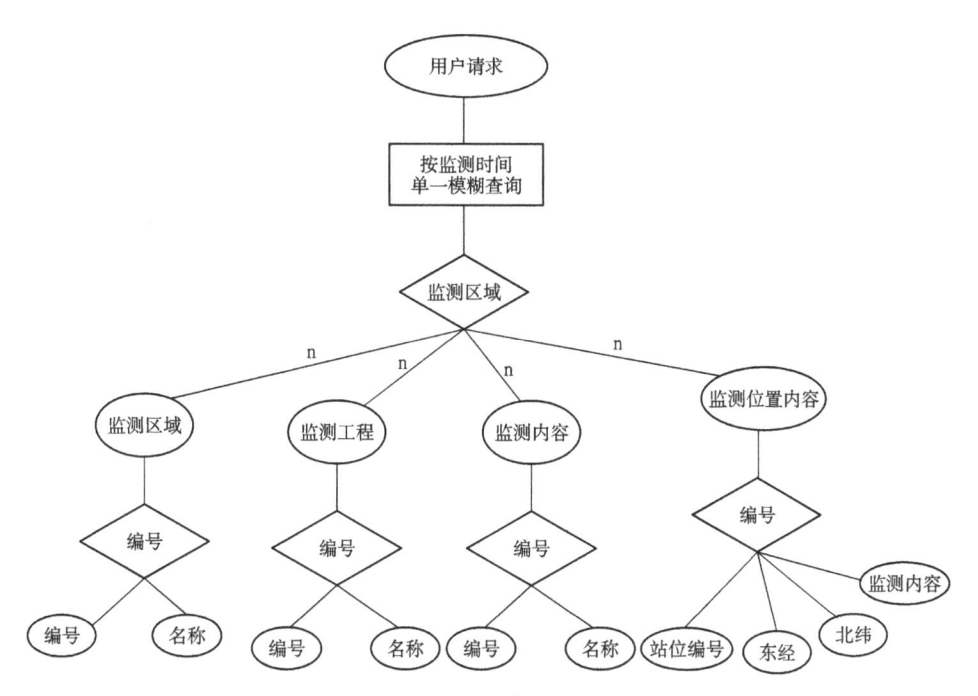

图 4　按监测时间单一模糊查询 E-R 图

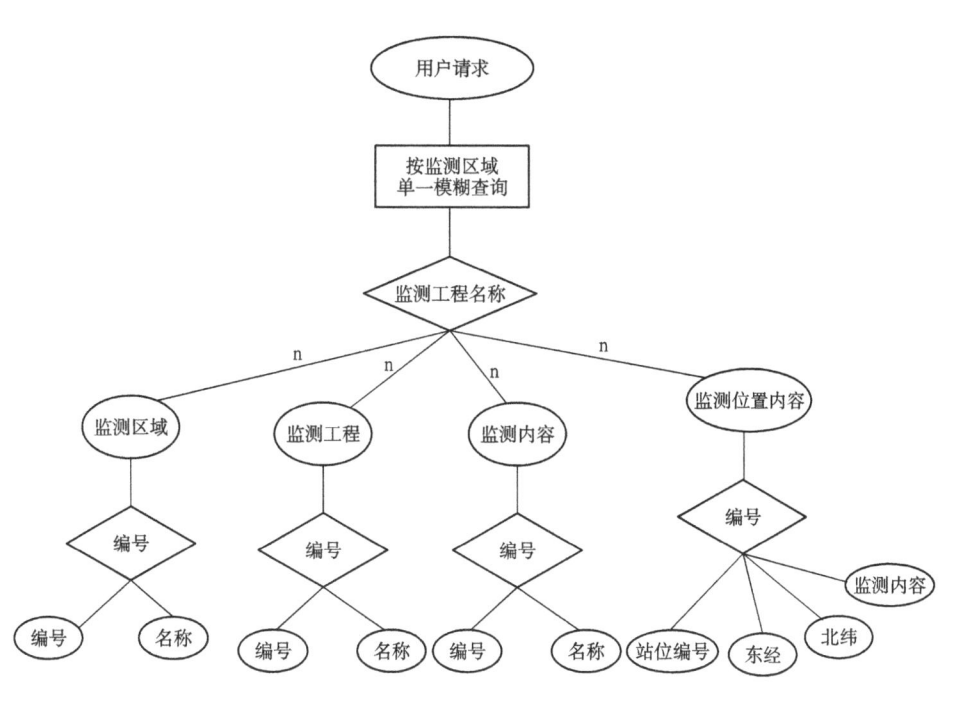

图 5　按监测区域单一模糊查询 E-R 图

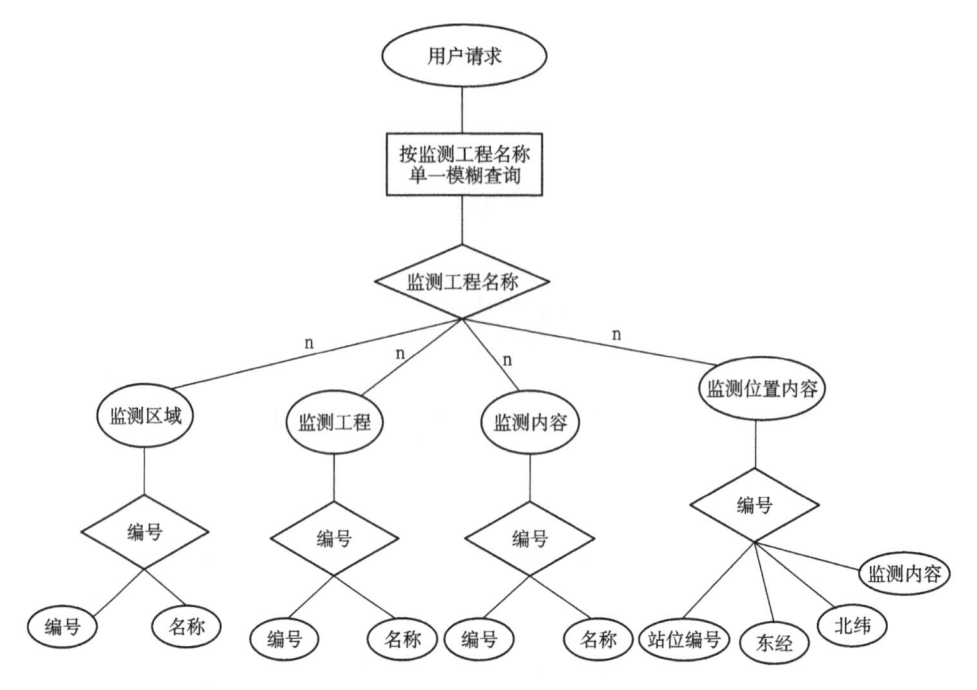

图 6　按监测工程名称单一模糊查询 E-R 图

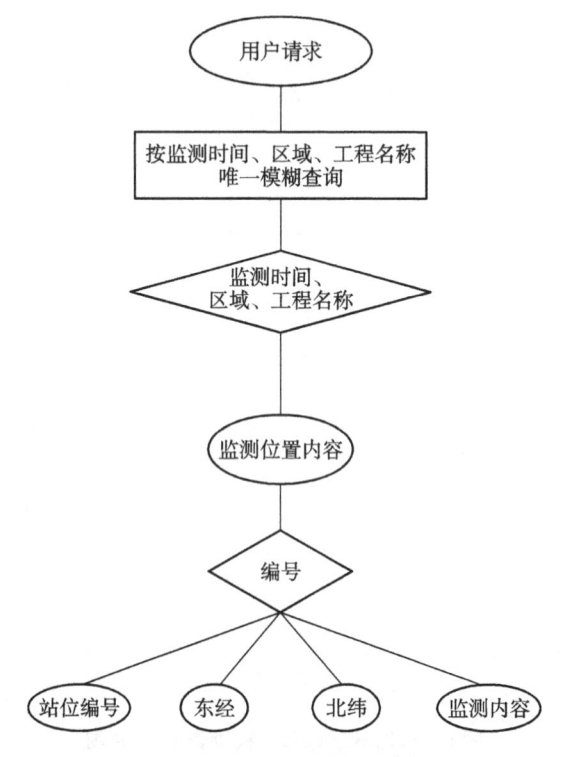

图 7　按监测时间、区域、工程名称唯一模糊查询 E-R 图

(3) 全局 E-R 模式设计

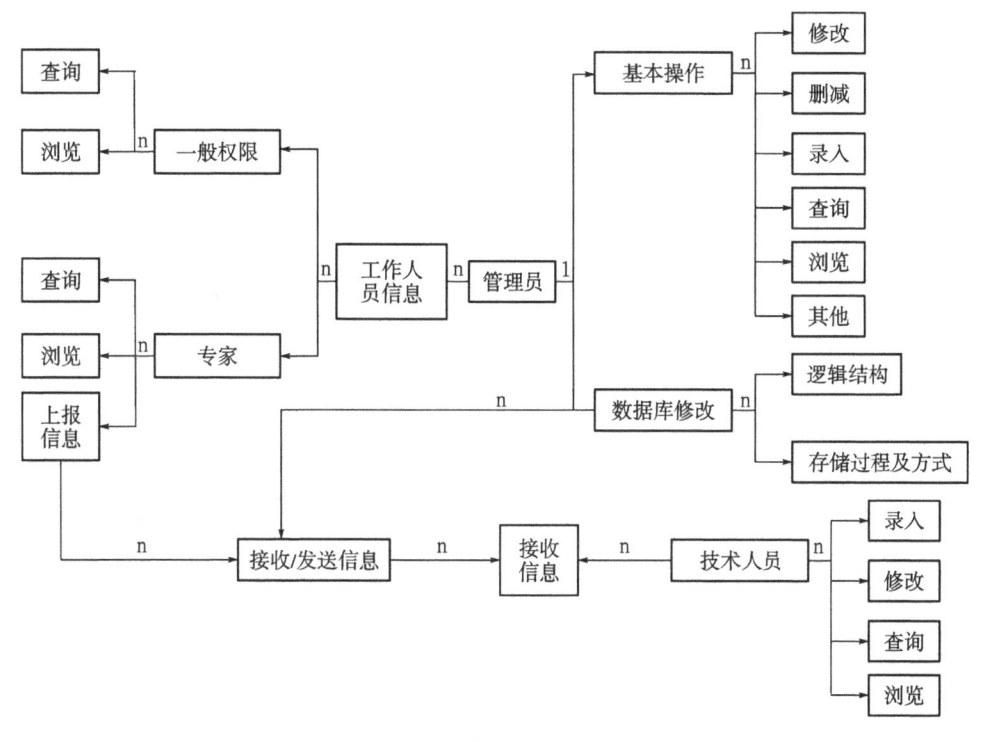

图 8 全局 E-R 图

2. 逻辑结构设计

(1) 表命名

表 1 表名称

序号	英文名	中文名	说明
1	RightsTable	权限管理表	用来管理不同工作人员的权限
2	StaffinfoTable	工作人员信息表	用来管理不同工作人员的信息
3	MontimTable	监测时间管理表	用来管理监测时间的信息
4	MonareaTable	监测区域表	用来管理监测区域的信息
5	MonprojectTable	监测工程管理表	用来管理监测工程的信息
6	MoncontentTable	监测内容管理表	用来管理监测内容的信息
7	WindspeedTable	风速表	用来存储实施海洋水文气象监测期间的风速、风向和时间

续 表

序号	英文名	中文名	说明
8	TempTable	气温表	用来存储实施海洋水文气象监测期间的气温和时间
9	TideTable	潮汐表	用来存储实施海洋水文气象监测期间的潮汐和时间
10	CurrentTable	海流表	用来存储实施海洋水文气象监测期间的海流流速、海流流向和时间
11	DeepTable	水深表	用来存储实施海水质量监测的水深
12	SalinityTable	盐度表	用来存储实施海水质量监测的盐度、时间
13	WaterTable	水温表	用来存储实施海水质量监测的水温、时间
14	SusSolidsTable	悬浮物表	用来存储实施海水质量监测的悬浮物含量
15	pHTable	pH 表	用来存储实施海水质量监测的pH 值
16	waterQualityChemTable	海水水质化学要素表	用来存储实施海水质量监测海水中的化学要素
17	SedimentChemTable	沉积物化学要素表	用来存储实施沉积物质量监测沉积物中的化学要素
18	PhytoplanktonTable	浮游植物表	用来存储实施海洋生物监测的浮游植物信息
19	ZooplanktonTable	大、中型浮游动物表	用来存储实施海洋生物监测的大、中型浮游动物信息
20	BenthicTable	底栖生物表	用来存储实施海洋生物监测的底栖生物信息
21	ChlorophyllATable	叶绿素 a 表	用来存储实施海洋生物监测的叶绿素 a 含量
22	FColiformTable	粪大肠菌群表	用来存储实施海洋生物监测的粪大肠菌群信息
23	PriProductivityTable	初级生产力表	用来存储实施海洋生物监测的初级生产力信息
24	RedTideBioTable	赤潮生物表	用来存储实施海洋生物监测的赤潮生物信息

续 表

序号	英文名	中文名	说明
25	MacroalgaeTable	大型藻类表	用来存储实施海洋生物监测的大型藻类及信息
26	IntertidalBioTable	潮间带生物表	用来存储实施潮间带生态监测的生物信息
27	IntertidalSedTable	潮间带沉积物质量表	用来存储实施潮间带生态监测的沉积物信息
28	IntertidalWaterTable	潮间带水质表	用来存储实施潮间带生态监测的水质信息
29	BioqualityChemTable	生物质量化学要素表	用来存储实施海洋生物质量监测生物质量化学要素信息

(2) 模式

略。

(3) 关系图

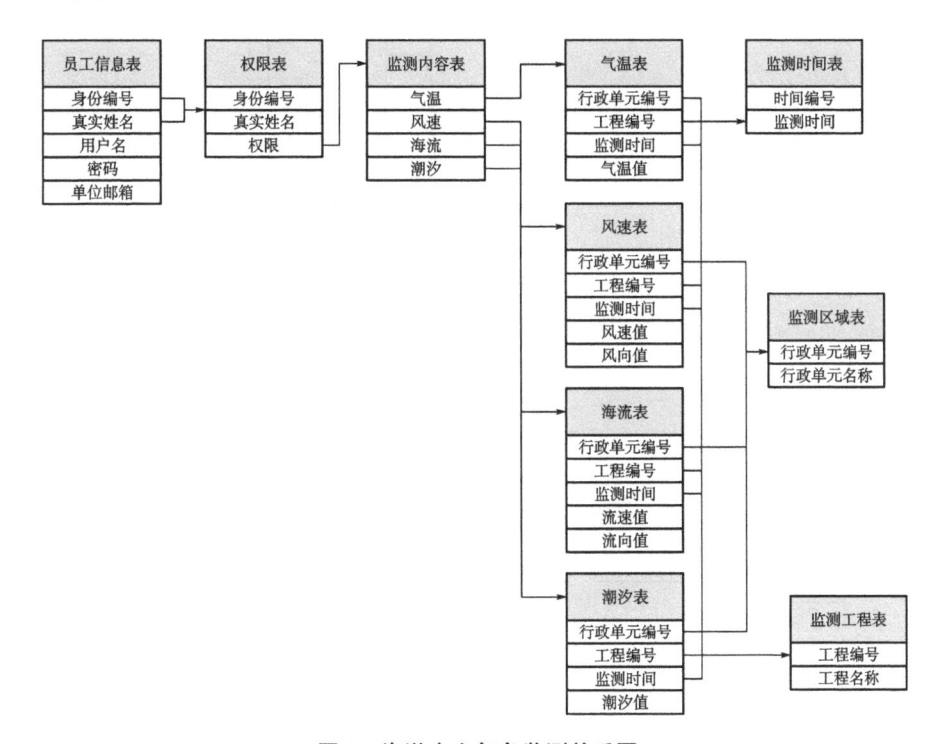

图 9　海洋水文气象监测关系图

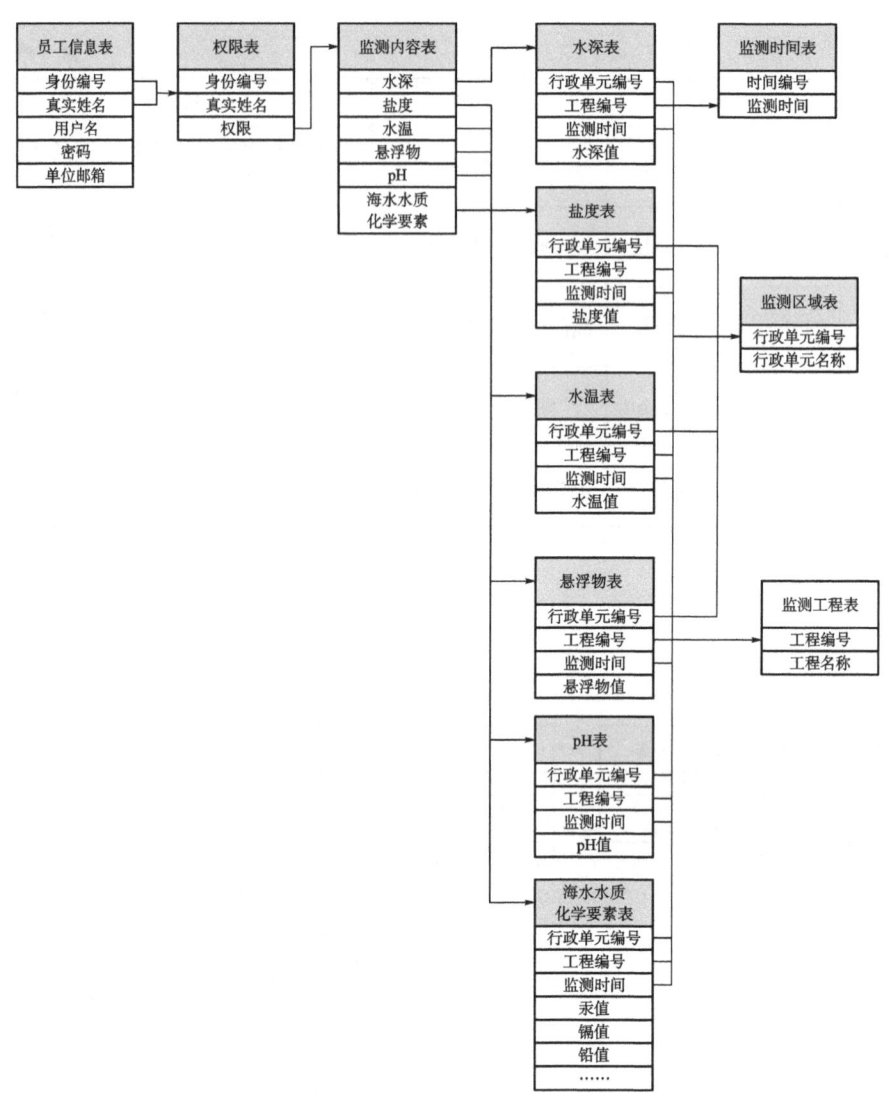

图 10 海水质量监测关系图

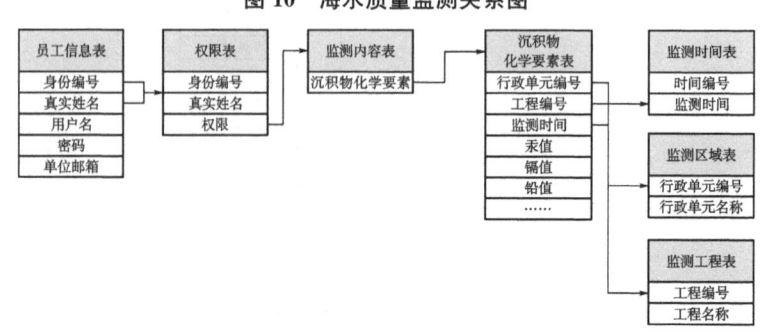

图 11 沉积物质量监测关系图

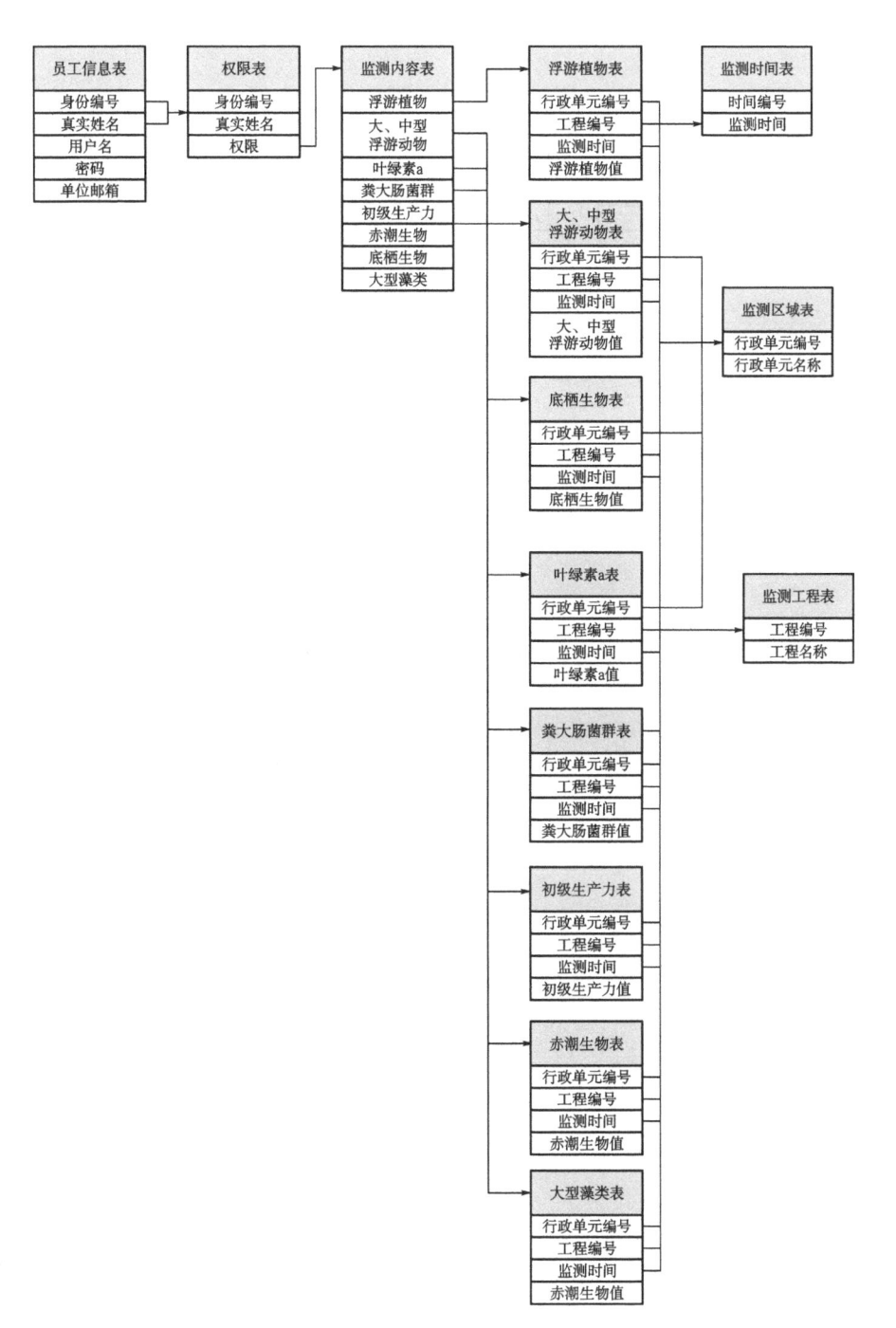

图 12　海洋生物监测关系图

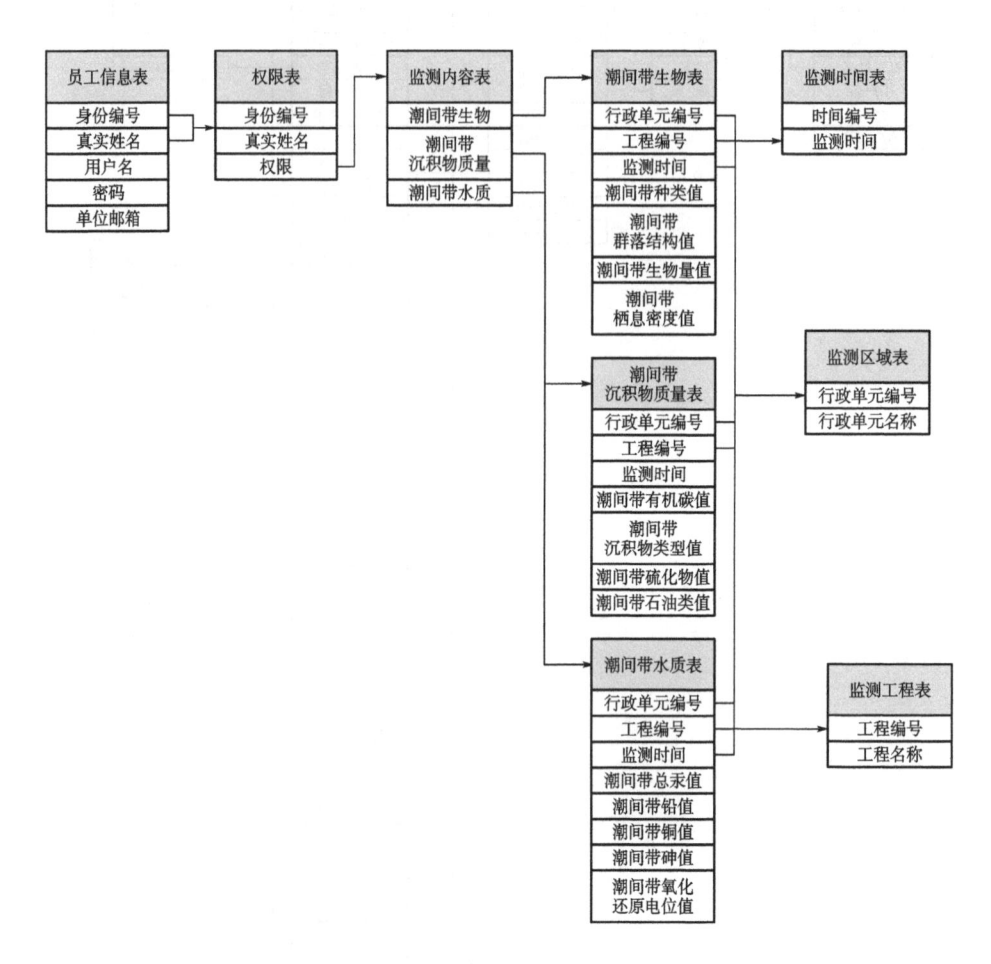

图 13　潮间带生态监测关系图

3. 数据库实施

（1）数据库的安装

略。

（2）新建数据表（DDL）

代码略。

（3）组织数据入库

代码略。

(4) 数据库试运行

① 运行数据库。

```
[egg-scripts] stopped
PS H:\Work\NorstMap\CMMI\server> npm start

> cmmi@1.0.0 start H:\Work\NorstMap\CMMI\server
> egg-scripts start --daemon --ignore-stderr --title=egg-server-cmmi

[egg-scripts] Starting egg application at H:\Work\NorstMap\CMMI\server
[egg-scripts] Run node H:\Work\NorstMap\CMMI\server\node_modules\egg-scripts\lib\start-cluster {"tit
[egg-scripts] Save log file to C:\Users\iGiserWAB\logs

[egg-scripts] Or use `--ignore-stderr` to ignore stderr at startup.
[egg-scripts] egg started on http://127.0.0.1:7001
PS H:\Work\NorstMap\CMMI\server>
```

② 线上测试。

打开系统界面,登录账号后如果成功登录首页,并正确显示相对应的数据,则说明数据库已经开始运行。

4. 运行与维护

(1) 运行环境

① 硬件。

CPU:最低 2.2 GHz;建议使用超线程(HHT)或多核;

内存/RAM:最低 4 GB;

磁盘空间:最低 4 GB;建议 100 GB 及以上。

② 软件。

操作系统:Windows Server 2012 及以上或 Windows 7 及以上;

Node 环境:Node 12.0 版本及以上;

数据库:PostgreSQL 9.5。

(2) 防火墙

为保证数据安全,部署系统的服务器必须开启防火墙,设置到最高安全级别,并定期升级相关软件及补丁。

入站规则与出站规则必须严格控制,与软件系统、网络需求相一致,禁止任意开放端口以及 IP。

5. 维护方案

(1) 运行状况检查

① 了解系统运行状况。

② 解决客户系统软件问题。

③ 系统运行状况分析。

(2) 启动与停止数据库

① 启动数据库服务。

```
# service postgressq 1-10 start
— 或者
# /usr/local/pgsql/bin/pg_ctl -D /data/10/data start server started
```

② 查看数据库运行状态。

```
# service postgressq 1-10 status
— 或者
# /usr/local/pgsql/bin/pg ctl -D /data/10/data status
```

③ 停止数据库。

```
# pg ctl stop [DDATADIR] [-m SHUTDOWN-MODE] [-W] [-t SECS] [-s]
```

(3) 数据库管理

在数据库的使用过程中，我们可以通过 sql 命令直接建表，但这并不是一个对多人协作非常友好的模式，也不利于数据库的维护。在项目的演进过程中，每一个迭代都有可能对数据库数据结构做变更，怎样跟踪每一个迭代的数据变更，并在不同的环境(开发、测试、CI)和迭代切换中，快速变更数据结构是协作开发与数据库维护的重要环节。因此，采用 Migrations 管理数据结构的变更。维护命令如下：

```
npm install—save-dev sequelize-cli
npx sequelize migration: generate—name=init-[name]
```

```
# 初始化 Migrations 配置文件和目录
npx sequelize init: config
npx sequelize init: migrations
```

```
# 升级数据库
npx sequelize db: migrate
# 如果有问题需要回滚，可以通过 db: migrate: undo 回退一个变更
# npx sequelize db: migrate: undo
# 可以通过 db: migrate: undo: all 回退到初始状态
# npx sequelize db: migrate: undo: all
```

(4) 数据库备份与恢复

① 数据库备份。

数据库备份示意图

② 数据库恢复。

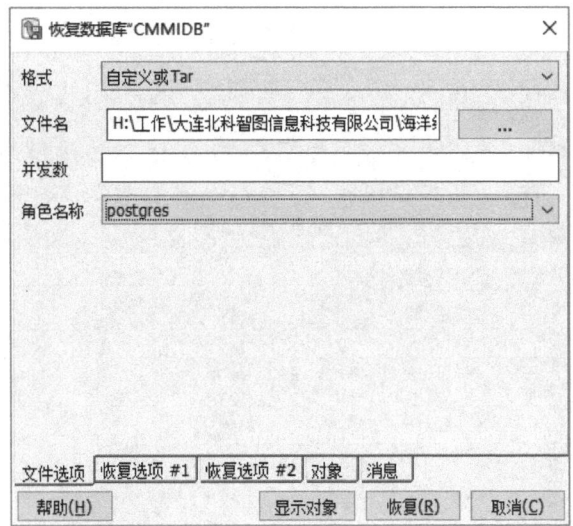

数据库恢复示意图

(5) 维护常用的 sql 命令

```
— 建表
CREATE TABLE [table name] (...) OWNER TO postgres;
— 查询记录
SELECT * FROM [table name];
— 新建序列
create sequence [sequence name] start with 1 increment by 1;
— 修改字段类型
alter table [table name] alter [field name] type [type] using [field name]::int;
— 更新数据
UPDATE [table name] set [field] = [value] WHERE [field] = [value];
— 添加字段
alter table [table_name] add column [column_name] [type]
— 删除字段
alter table tuser drop column tu_name;
— 创建枚举类型
create type download_right as enum('0','1')
— 查询记录
SELECT * FROM [table name];
— 新建序列
create sequence [sequence name] start with 1 increment by 1;
— 修改字段类型
alter table [table name] alter [field name] type [type] using [field name]::int;
— 更新数据
UPDATE [table name] set [field] = [value] WHERE [field] = [value];
— 添加字段
alter table [table_name] add column [column_name] [type]
— 删除字段
alter table tuser drop column tu_name;
— 创建枚举类型
create type down load_right as enum('0','1')
```

二、系统界面

图 14　管理系统登录界面

图 15　管理系统运行界面

三、运行环境

运行系统：win10、win7、XP；

CPU：最低 2.2 GHz；建议使用超线程（HHT）或多核；

内存/RAM：最低 4 GB；

磁盘空间：最低 4 GB；建议 100 GB 及以上。

四、软件功能和技术特点

本软件采用 Html5、CSS3、javascript、dojo、Arcgis Api for javascript、C#，实现了计算自动化与结果可视化，并采用了多界面系统，操作方便，运行要求低。主要功能包括：

- 用户登录权限管理；
- 基于 24 类海洋生态环境数据的编辑、存储、保存、显示、空间查询、图层管理等功能；
- 基于 24 类海洋生态环境数据的业务和空间数据库构建。

参考文献

[1] ARROYO L A, HEALEY S P, COHEN W B, et al. Using object-oriented classification and high-resolution imagery to map fuel types in a Mediterranean region [J]. Journal of Geophysical Research. Biogeosciences, 2006, 111(G4): G04S04.

[2] CLEVE C, KELLY M, KEARNS F R, et al. Classification of the wildland-urban interface: A comparison of pixel and object-based classification using high-resolution aerial photography [J]. Computers, Environment and Urban Systems, 2008, 32(4): 317-326.

[3] FOODY G M. Status of land cover sclassification accuracy assessment [J]. Remote Sensing of Environment, 2002, 80(1): 185-201.

[4] JIN X Y, DAVIS C H. Automated building extracting from high-resolution satellite imagery in urban area using structural, contextual and spectral information[J]. Journal of Applied Signal Processing, 2005(14): 2196-2206.

[5] PLATT R V, RAPOZA L. An evaluation of an object-oriented paradigm for land use/land cover classification[J]. The Professional Geographer, 2008, 60(1): 87-100.

[6] SHACKFORD A K, DAVIS C H. A combined fuzzy pixel-based and object-based approach for classification of high-resolution multispectral data over urban areas[C]// IEEE, Transactions on Geoscience and Remote Sensing, 2003, 41(10): 2354-2363.

[7] SMAGORINSKY J S. General circulation experiments with the primitive equations[J]. Monthly Weather Review, 1963, 91(3): 99-164.

[8] STOW D, LOPEZ A, LIPPITT C, et al. Object-based classification of residential land use with in Accra, Ghana based on Quickbird satellite data[J]. International Journal of Remote Sensing, 2007, 28(22): 5167-5173.

[9] SU W, LI J, CHEN Y, et al. Textural and local spatial statistics for the object-oriented classification of urban areas using high resolution imagery [J]. International Journal of Remote Sensing, 2008, 29(11): 3105-3117.

[10] SUO ANNING, ZHANG M H. Sea areas reclamation and coastline change monitoring by remote sensing in coastal zone of Liaoning in China[J]. Journal of Coastal Research, 2015(73): 725-729.

[11] 柏延臣,王劲峰.结合多分类器的遥感数据专题分类方法研究[J].遥感学报,2005,9(5):555-562.

[12] 鲍旭平,张钊,吕宝强,等.浅谈围填海工程海域使用动态监测方案设计:以温州市瓯飞淤涨型高涂围垦养殖用海规划为例[J].海洋开发与管理,2014(3):65-68.

[13] 蔡悦荫,赵全民,王伟伟.中国海域有偿使用制度实施现状及建议[J].海洋开发与管理,2012(11):9-13.

[14] 陈书全.海域资源市场化管理的问题与对策研究[J].山东社会科学,2012(10):146-148.

[15] 陈艳,韩立民.海域资源产权初始配置模式探讨[J].中国渔业经济,2005(6):17-19.

[16] 陈艳,文艳.海域资源产权的流转机制探讨[J].海洋开发与管理,2006,23(1):61-64.

[17] 陈毓川.建立我国战略性矿产资源储备制度和体系[J].国土资源,2002(1):18-23.

[18] 陈仲新,张新时.中国生态系统效益的价值[J].科学通报,2000,45(1):17-22.

[19] 窦国仁,董风舞,Dou X B.潮流和波浪的挟沙能力[J].科学通报,1995,40(5):443-446.

[20] 冯昌中,宋佳波,曾尊固.社会主义市场经济条件下的土地储备及其模式选择[J].地理科学,2002,22(3):288-293.

[21] 付元宾,赵建华,王权明,等.我国海域使用动态监测系统(SDMS)模式探讨[J].自然资源学报,2008,23(2):185-193.

[22] 高金柱.我国围填海管理优化初探[J].海洋经济,2015,5(3):55-62.

[23] 高志强,刘向阳,宁吉才,等.基于遥感的近30a中国海岸线和围填海面积变化及成因分析[J].农业工程学报,2014,30(12):140-147.

[24] 黄昕,张良培,李平湘.融合形状和光谱的高空间分辨率遥感影像分类[J].遥感学报,2007,11(2):193-200.

[25] 贾文龙,薛亚洲,任忠宝.关于建立中国矿产资源储备体系的政策思考[J].中国国土资源经济,2008,21(12):8-13.

[26] 阚明哲,李薇,刘建国.高分辨率卫星遥感技术在城市规划管理领域的应用概述[J].测绘与空间地理信息,2012(S1):100-102.

[27] 李成范,尹京苑,赵俊娟.一种面向对象的遥感影像城市绿地提取方法[J].测绘科学,2011,36(5):112-114+120.

[28] 李植斌.城市土地储备制度的模式及其功能研究[J].同济大学学报(社会科学版),2002,13(3):44-48.

[29] 刘书含,顾行发,余涛,等.高分一号多光谱遥感数据的面向对象分类[J].测绘科学,2014,39(12):91-103.

[30] 索安宁,李金朝,王天明,等.黄土高原流域土地利用变化的水土流失效应[J].水利学报,2008,39(7):767-772.

[31] 索安宁,王兮之,林勇,等.基于遥感的黄土高原典型区植被退化分析——以泾河流域为例[J].遥感学报,2009,13(2):291-299.

[32] 陶超,谭毅华,蔡华杰,等.面向对象的高分辨率遥感影像城区建筑物分级提取方法[J].测绘学报,2010,39(1):39-45.

[33] 田波,周云轩,郑宗生,等.面向对象的河口滩涂冲淤变化遥感分析[J].长江流域资源与环境,2008,17(3):419-423.

[34] 王厚军,丁宁,赵建华,等.围填海项目海域使用动态监视监测内容及方法研究[J].海洋开发与管理,2015(12):7-10.

[35] 汪磊,黄硕琳.海域使用权一级市场流转方式比较研究[J].广东农业科学,2010,37(6):360-362.

[36] 魏成阶,刘亚岚,王世新,等.四川汶川大地震震害遥感调查与评估[J].遥感学报,2008,12(5):673-682.

[37] 吴涛,赵冬至,张丰收,等.基于高分辨率遥感影像的大洋河河口湿地景观格局变化[J].应用生态学报,2011,22(7):1833-1840.

[38] 杨遴杰,林坚,李昕.国外土地储备制度及借鉴[J].中国土地,2002(5):36-39.

[39] 张宏斌,贾生华.城市土地储备制度的功能定位及其实现机制[J].城市规划,2000,24(8):17-20.

[40] 钟跃林,欧明莺,黄发明.莆田市秀屿区海域资源开发利用及保护管理[J].福建地理,2003,18(3):12-15.